九道湾至
水木自親

頤和園中的設計
與測繪故事

梁雪 著

U0388102

辽宁科学技术出版社
·沈阳·

引子：细节与流变——从一块石经幢谈起

"民国"三年（1913年）以前，颐和园作为清朝皇室的皇家御苑，一直属于游览禁地，除了少数王公近臣可以在上朝时于仁寿殿一带活动外，一般臣僚和普通百姓根本没有机会进入和看到这座名园的真实面貌。在日本学者宇野哲人所著的《中国文明记》中，有一段他在1907年游览万寿山的记述，当时曾感到是一种"拜观颐和园之殊荣"。[1]

从1913年至1928年，颐和园归清室内务府管理，当中外人士要求参观颐和园的呼声日益高涨时，民国政府曾规定参观者须经外交部审批，发给门照，并通知清室内务府。后来改为外国人参观由外交部审批，国人参观由内务府或步军统领衙门办理。

1928年7月1日南京国民政府内政部正式派员接收颐和园，8月15日移交北平市政府管理。从园林的管理性质看，颐和园在1928年以后才正式改为公园。这以后留存下来的照片等史料才渐渐多了起来。

对颐和园的历史研究，除了现在保留下来的清室皇家档案和部分图纸，乾隆皇帝所写的御制诗成为了解清漪园时期的重要史料。此外，近年陆续见到的、早期外国摄影师在19世纪以后所拍的摄影作品也成为研究和分析那段历史时期的可信史料。由于影像资料的真实性和纪实性，二十世纪六七十年代的一些影像作品也是我们了解颐和园内景观变化及重要历史事件的珍贵资料。

佛经上说：若不阐释源流，将成不信之因。

如果从颐和园北宫门进园，顺着一条小路从北向南走，过了长桥和一道牌楼门就来到一个十字路口，也是一块相对平坦的小广场；游人一般从这里分流，往东是去琉璃塔和谐趣园的方向，往西是去赅春园和大船坞的方向，而继续往南走则开始爬坡，是去山上智慧海的方向。

http://sucai.redoen.com/yishuwenhua-5986728.html

要去智慧海需经过许多台阶和几个主要的台地，距离十字路口较近的一块台地因为其间没有建筑而显得很空旷。这块台地在乾隆清漪园时期建有一栋规模很大的佛寺建筑，被称作"须弥灵境"，毁于1860年的那场大火，现在台地上仅有一块标注地名的木牌和几栋小品性石雕件，以及近几年在台地的东西两侧搭建起来的临时性建筑，其功能是向游人供应饮品和小吃。

在成对摆放的石质雕件中有两只像多层宝塔样的立件，每只有七八米高的样子，外形由基座、塔身和多层塔顶所组成。这种塔式建筑在古建专业上被称作"四层三重檐五层八角形塔"，实际上是八角形经幢的一种。仔细看，在西侧经幢的主体上还可以发现佛教经咒"陀罗尼经"，落款为"大清乾隆十七年八月十三日建立"字样。

后来查阅颐和园的园林史料得知，这一对石质经幢原来并不设置在这里，而是设置在万寿山以南，原来"大报恩延寿寺"的院里[2]；光绪十二年（1886年）慈禧太后在重修颐和园时，并没有恢复"大报恩延寿寺"，而是在原址上新修了一组供臣僚给她祝寿用的排云殿等建筑，也就是在那时才把这组清漪园时的经幢搬移到这片遗址中，来陪伴已经消失的"须弥灵境"建筑群了。

近年看到一张当时外国人（苏格兰人约翰·汤姆逊）拍摄的黑白老照片（上图），是作者于1868年至1872年之间拍摄的，真实地记录了清漪园被烧毁后的万寿山景象：顺着昆明湖的方向由北向南看，近景是位于原来寺庙前面的石狮子，中景中可以看到一只塔式经幢和一段矮墙，当年的大报恩延寿寺和佛香阁的位置已是一片空白。在万寿山的主轴线上只能分辨出智慧海的屋顶轮廓和两段"朝天蹬"台阶，以及主轴线右侧的转轮藏建筑群。这张影像可以清晰地说明原来这对石经幢所在的位置。

据史学家考证，石质经幢主要盛行于唐宋年间，明清以后逐渐式微，像这种保存完好的、有清式皇家做工的并不多见。

一般到颐和园的游人多冲着"有名"和"好玩"的建筑景点而去，对这种相对孤单的小品式建筑并不太感兴趣，石经幢也不属于被众人围观的那种"建筑"。也正因为这个原因，使得我每次去后山都可以安静地、仔细地端详一下这对经幢的造型，甚至可以与唐宋时期保留下来的经幢造型加以比对，发现它们之间在造型上的"变异"。

类似被"移位"的景点还有谐趣园里的"云窦"和涵虚堂前的一块平台。

在知春堂的北侧，圆亭附近有一小片假山，与后面的大片假山一起构成了一片东北角的清幽之地。在相对孤立的假山中部有一个石洞，洞口以木门封闭，在门洞上方有慈禧太后所题写的"云窦"两字，在两字之间盖有"慈禧皇太后之宝"的图章。

翻看乾隆在惠山园时所写的诗文，那时就有"云窦"这个地方，只是位置在现在的墨妙轩附近。当时那里有一眼山泉井，有天然的云气可以从井中升起，很像有"云烟"从这里出没，故有此名。

天津大学等机构学者在所著的《清代御苑撷英》一书中提及："当年轩（墨妙轩）前小池的角上，曾有股山泉名云窦。现泉已无水，空馀云窦两字。当年乾隆有诗赞曰：'佳处敞轩名墨妙，导之泉注顿山安。钗脚漏痕犹刻画，请看立石与流泉。'"就是对当时实景的描述。

后来这口天然水井不在，"云窦"也在慈禧太后重修谐趣园时从西向东移动了几十米，并以一个假山石洞对这两个字做了简化说明，不过，这已经是光绪十二年以后的事了。

在现在涵虚堂的南侧有一块伸向湖面的石质平台，平台的面积在10平方米左右。而在二十世纪七十年代，政府经常要举办大型的政治活动和群众集会，因那时大型的室内场馆十分有限，只能将这些活动改在首都的一些公园里举行，如城内的北海公园、中山公园、天坛公园，当时郊外的颐和园也是举办这类活动的重点区域之一。

从现在能够看到的老照片里，可以发现一些搭建在颐和园里的临时性舞台，谐趣园涵虚堂前面就曾经有一个临时搭建的木质舞台，范围远远超出现在所能看到的平台。

从发表于1972年12期的《中国画报》所刊登的、近距离的照片上看，这个临时性舞台上可以同时容纳十几个男女演员在表演舞蹈；据此推测当年的舞台面积应该不会太小，应该是一种为了配合小型演出而临时搭建的舞台。

后来为验证这个"照片"的真实性，我又到谐趣园现场详细考察了一番，发现当年肯定是以这块石质平台为基础改扩建成了一块临时性的"大舞台"，看看涵虚堂南面的水位和地质情况，这里的水面并不深，搭建一个木质基础和舞台并不难。

类似的临时搭建的舞台在排云门前、云辉玉宇牌楼的南侧还有一个，范围也更大些。那里由于要把舞台伸进昆明湖里，估计搭建的难度要更大些。

后山西侧的赅春园是清漪园时期的一处园中园，因1860年被焚毁后再未恢复，现在仅存部分遗址。位于山路南端的三开间大门现在是一个小卖部，里面展示有在遗址中出土的各种建筑残件和当时的官窑残片，还有一个木质的、赅春园的复原模型。

清漪园时期，赅春园以及山坡上的清可轩是乾隆皇帝极为喜欢的去处，几乎每次游园都到这里小憩，留有三十几首题诗。

为了寻找这些题诗，我曾多次到遗址中寻找这些石刻，除了题在崖壁高处的"清可轩""留云"等大字外，石壁上的诗文石刻多已不在或漶漫不清，风化十分严重。很像斜倚在一片乱石里的一句石刻诗句"苍崖半入云涛堆"。

历史上，写在竹简、丝绵和纸上的文字易于损毁。想不到刻在石头上的文字也会随着时光的流逝而风化、磨损，最后变成一片含混不清的石壁。

但愿那些与清漪园和颐和园相关的历史，以及影响过历史进程的某段史实不会随着相关文字和影像的缺失，或人为的回避而变得模糊不清，成为一段后人无法了解、难以解读的"过眼云烟"。

（初稿完稿于 2016 年 5 月，2017 年 11 月定稿）

注释：

（1）（日）宇野哲人著，张学锋译.《中国文明记——日本人眼中的近代中国》.光明日报出版社，1999 年 9 月第 1 版，P47.

（2）刘若晏著.《颐和园》.国际文化出版社，1996 年 10 月第 1 版.

目 录

一、清可轩、
游园中的两个点

2013 年 7 月 7 日，
星期日，
晴转多云。

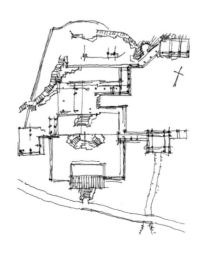

我们这组测绘队是上午八点多从天津大学（以下称"天大"）校园出发，至中午前从颐和园东路拐进新建宫门路的。这次的测绘驻地位于新建宫门路与昆明湖东路两条马路的把角处。

卸下行李才发现，前年来颐和园测绘实习时的院子已经变成一块施工工地，与那块场地相隔一条小马路就是今年"大部队"的驻地。驻地围墙里实际是东侧工地的堆场和一栋为施工人员准备的两层简易钢板房。经过颐和园管理处的安排，今年天大来的测绘师生就住在简易钢板房的上面几间。

天大师生对颐和园的测绘历史可以追溯到二十世纪的五十年代和七十年代，当时曾经对园内的部分区域和单体建筑进行测绘，如前山区的杨仁风、画中游，后山区的谐趣园等；千禧年以后，从2005年开始天大师生又对颐和园内的大量古建筑进行详细测绘，并以计算机绘图提交测绘成果。

从2005年至今已经过去八年时光，期间我曾参加2006年、2011年的两次测绘，这次是我第三次参加颐和园的暑期测绘。实际上，这次测绘是对2006年以后排云殿、佛香阁建筑群测稿的一次补充和审核。实习前在学校就已经分配好测绘小组和每个小组负责的建筑群（或建筑物）。同时，为了加深同学们对原来测稿的理解，熟悉这些建筑物，曾安排他们在学校教室里对每人将要面对的古建筑用尺规画了一遍仪器草图。

　　阿龙把我安排在新建宫门北侧的一个内院里。狭长的院子两侧修有两排简易房，其中靠东墙的一间是专门给天大预留的，里面还有上次来人工作时留下的物件，有两床被子，还有脸盆之类。房间内与学生宿舍相似，三张双人床围着一张书桌布置，门口摆着一台立式空调机，占去一大块地方。

　　进屋后发现原来留在这里的被褥因多日不用很是潮湿，一时也不好用。好在是夏天，自己带来的床单和毛巾被就可以应付了（后来阿龙又送过来一套床单，搞了点特殊化）。趁着下午有风、有阳光，就抓紧开门通风，同时把带来的蚊帐张挂起来。

　　分配完宿舍，同来的四十多位学生就往"楼上"搬运休息用的床板、整理宿舍卫生或在附近买些生活必需品。这样，我们几个老师、研究生才有时间陪着同来的土木系老师"跑"了一趟"贻春园"遗址。

　　真的有点恍惚。

　　当我静静地独自站在清可轩北边崖壁前，有点怀疑这个场景是否真实。主要是近段时间一直在做有关贻春园，特别是相关清可轩的研究，有时夜里做梦都会梦到这个已成废墟的茶室。

　　清可轩所在区域位于颐和园万寿山的后山西部，桃花沟附近，这组建筑群被称作贻春园，始建于乾隆年间。建筑依山就势，分为三层，第一层有园门三间，第二层有蕴真赏惬、钟亭和竹篽，第三层设有香

图 1-1 赅春园遗址剖面复原图

晶室、留云和清可轩。1860 年这组建筑被英法联军焚毁。"在同治三年（1864 年）的《陈设清册》中还记载有'蕴真赏惬''留云'和'清可轩'，连同西侧的'味闲斋'，说明该处尚有四处建筑劫后犹存。光绪年间，曾将这里的部分木石材料移建他处。"[1] 现在，赅春园遗址只保留着园门三间，其余部分为建筑遗址。（图 1-1）

尽管仅存建筑遗址，但作为一处具有特色的"园中园"，在清华大学所编的《颐和园》一书中，还是花了相当篇幅对赅春园建筑群和个别单体建筑进行了复原设计，近年我曾根据建筑群的线描图进行古典渲染，力图表现当时的原貌气氛。

在《颐和园》一书中，有关专家还对"清可轩"的室内陈设进行了复原设计，其本意是为了说明"至于园内大量的观赏性建筑，室内家具陈设的布置就比较自由灵活、款式也有所不同，以适应游憩活动

017

的需要，表现园林建筑的性格。"⑵

"清可轩是赅春园的主体建筑，其半建入天然岩石中。轩内岩壁题刻清可轩名及其他诗句。当年室内设有树根式书案及宝座，是乾隆最喜爱的一个处所，题咏多达四十八首（咏清漪园），为单体建筑咏诗最多者之一。现在仅存遗址，但岩壁题刻仍存。"⑶ 由于清可轩后依石岩为红砂岩，石质粗粝、易于风化，除"清可轩""苍崖半入云海堆"等题字外，多已漫漶不清。

学者们发现了乾隆皇帝对"清可轩"的喜爱和题咏之多，但也仅仅将其视为一处布置灵活的园林建筑，没有去深究乾隆如此喜爱这里的原因。

乾隆深爱的"清可轩"引起了我的研究兴致，经过一段时间的探究考证，我意外地发现"清可轩"竟然是乾隆的一处茶室。

在研究史料《清可轩陈设清册》（嘉庆十八年）时，我发现了其中提到的与茶道内容相关的设置，特别是"竹炉"的设置。

"……靠西墙安竹柜一件，两边安树根式绣礅二件；靠墙挂黑漆琴一张。靠山石下青绿诸葛鼓一件随紫檀架，紫檀高香几一件上设紫檀茶具几一份一件，紫檀茶具格一件，竹炉一件；几下设古铜面渣斗一件随紫檀座，宣窑青龙兽面花囊一件随铜胆紫檀座，钧窑缸一件随

楠木架座；面西设树根宝座一张，树根边腿楸木心书桌一张。东边靠
山墙安楠木边座半腿玻璃穿衣镜一件，两边安树根绣礅两件。北面罩
内，面东安楠木雕夔龙宝座床一张，上设锦坐褥靠背迎手四件。随板
墙上贴着色山水雪景画一张；东墙面西设紫檀六方龛一座内供铜胎古
佛一尊，龛下安紫檀供桌一张。明间分中安黄铜海棠式有盖四足鼎炉
一件随紫檀座。罩内面北贴御笔字清可轩匾一面。"[4]

　　清可轩里面的家具多以竹材和树根制作，表明一种"山斋"的朴
素特征，其中设置的"竹炉""佛龛""雪景山水画""绣礅"和"鼎
炉"等表明了乾隆茶室的基本构成元素。如果将这种室内布置与乾隆
多次题写的"清可轩"诗句相联系，可以发现这里作为茶室的更多证
据，也由此可以解释出乾隆皇帝为什么如此喜欢这栋小建筑甚至这组
建筑群的原因。

　　乾隆题咏的诗句中涉及饮茶和禅悟的内容甚多，试举数首[5]：

萝径披芳馨，林扉入翳蔚。岩居夏长寒，

况经好雨既。散花作静供，烹茶学幽事。

绿纱开我牖，西山吐云气。望雨如望蜀，

无厌宁自讳。终是忧劳人，永言意所寄。

—— (乾隆十八年) ——

辟关披岭云，拾级寻崖石。一晌早延清，

三间岂嫌窄。茶火软通红，苔冬嫩余碧。

倏来则凭窗，倏去不暖席。便宜是诗章，

往往镌琼壁。

—— （乾隆二十一年） ——

山阳迤逦至山阴，石洞空空清可心。

冬燠夏凉天地妙，屋包壁立画图深。

境惟是朴朴堪会，物已含华华可寻。

历岁泐题将遍矣，古稀仍未戒于吟。

—— （乾隆五十年） ——

倚峭峦轩架几楹，竹炉偶仿惠山亭。

中人早捧茶盘候，岂可片刻许可清。

—— （乾隆五十一年） ——

这儿清静到只有我一个人。

从这里往下看，下层平台上、原来建筑遗址附近的小树已经长成大树，树冠部分已经可以遮挡向北眺望的视线，几株未谢的槐花还散发着阵阵清香；一些鸟儿和松鼠早已把这片山坡当成自己的乐园。因为这组院子已经不对外开放，加之上层部分与北侧后山道路还有一段距离，树木和院墙既隔绝了公园里游人的嬉戏，也屏蔽了游人的喧嚣，无形中将这里还原成了几百年前的幽静，尽管这里的众多建筑已经成为只有少数构件的废墟。

今年的测绘任务主要集中在以排云殿和佛香阁为主的建筑群中，并不包括赅春园这组建筑。之所以刚到颐和园就到这里，是随同土木系的几位师生来做清可轩上部的护坡保护。

当年清可轩等上层平台上的建筑多是利用万寿山北侧的山坡和一段凹进的崖壁部分加以建筑维护而成，形成一种"山包寺，寺包山"的格局，但清可轩上方的这段斜坡却因为常年的雨水冲刷，原有的"排水设施"早已不见踪影；现在，顺着山坡向下流动的雨水不仅会对遗址的崖壁石质造成侵蚀，而且还会对现存的少量的建筑构件（如固定清可轩屋面的木构件）造成破坏。这次来，土木系师生试图在遗址崖壁上方，通过打"固定桩"的办法建立起一道挡土墙，以引导山坡上雨水的走向。

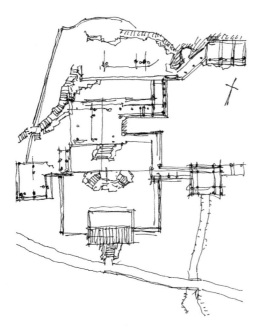

图 1-2 赅春园遗址平面复原图

刚才是与阿龙及土木系的几位师生一起从北宫门进园的，又在坡上看了一会儿他们的工作。

到了他们事先选定的工作面后，一位学生从挎包里取出带来的钢钎以及榔头、斧头等工具；开始时一人操作，试图用锤子将钎子"钉进"土坡里，当发现锤子太小、力道不够后又改用斧头，也许是土层下的岩石过硬，也许是生铁斧头的质量不好，一用力竟然将斧头震成了两半。为了继续下面的工作，几人商量后决定派一个北京学生开车去附近的五金店买个大号的锤子。

看到他们要等买来"锤子"后才能继续工作，自己就偷闲跑到坡下的遗址部分，体会一番赅春园和清可轩附近近几年的变化。

在早期清华大学所做的《颐和园》一书中曾附了一张有关贼春园的遗址平面复原图（图1-2）以及对这组几个不同标高的剖面设想。如果结合今天的现场看，当时的遗址平面中的许多建筑构件已经移位或不存，凸显出对这片区域遗址保护的紧迫性和重要性。

在不同标高的三层遗址上，除了在各个"单体建筑"附近的文字标牌，保留着清漪园时期建筑痕迹的、最有力"证据"是位于上层石壁上的两处石刻，其中之一在原来凹形石洞的上方，原来清可轩建筑屋顶痕迹的内部。（图1-3、图1-4）

看完遗址中部"蕴真赏惬"地块上保留的石质柱础，就顺着东侧的台阶走到遗址的上层，穿过上层平台上的杂草和树丛，寻找到保留在清可轩遗址"内部"、崖壁上的摩崖石刻，乾隆题写的"清可轩"三字。在摩崖石刻的上方，现在还依稀可见原来作为建筑脊檩的木构件以及少量穿插的檩条，只是这次看到的檩条好像又少了一些。在所谓"脊檩"的后边还有一段由青砖垒砌的挡土墙，也许正是有这一段矮墙存在，才使得后山山坡上的雨水不至于直接流淌到残存的木构件和摩崖石刻上。仰着头、站在风中设想，如果有关部门不对这段遗址尽快采取保护措施，估计不出几年，这些木构件就会慢慢腐朽、脱落，消失于无形。（图1-5）

每次到这块摩崖石壁的下边，我都会将"清可轩"三字拍照带回去，回去后好与前些年的拍照加以比对，从而发现字迹风化的程度。

图1-3 赅春园遗址中的地势变化

图1-4 第二层平台上的建筑遗迹

图 1-5 第三层平台上的"清可轩"题刻，为乾隆皇帝手迹

由于这块崖壁石刻在四米左右高的地方，拍起照来并不容易；距离太近拍起照来有仰角，拉开距离后需要长焦镜头拉近才能拍得清晰。拍照后在相机内放大来看，石刻的字迹笔画感觉上比过去又有风化加重的痕迹。

一会儿，阿龙和同去的建筑系研究生下来找我，又拍了几张合照后离开。

这次贱春园之行是一次期待中的梦境之旅，也算是我们 2013 年这次测绘前的热身活动。

下午五点沿着东墙外的小路去颐和园食堂吃饭。

也许是没有事先交待好，管理食堂（停车场）的门卫师傅（刚换班）突然看到如此多的学生要从这里进园就把我们拦了下来。过去交涉说我们是来实习的师生，中饭、晚饭都要在食堂吃；门口老人很是认真，听到如此说也不行，后来一定要请食堂内出来一位大师傅把我们领进去才放行。

看到食堂的晚饭还未准备好，阿龙就建议发放进出颐和园的临时通行证，几位研究生就一人叫学生名字一人发放，开饭前总算把这件事办完了。

即使这样，当众人吃完晚饭想从西边侧门进园时又被西便门附近的另一个门卫拦下，后来阿龙打电话给颐和园一位副园长，经他在电话里向门卫解释才放我们通过。这种情况在以往两次的测绘中均未遇到过，由此可见颐和园的门岗管理也在"上台阶"。

傍晚的活动是在阿龙带领下入园参观，熟悉一下今年的测绘活动；这次的游览线路实际上是几次颐和园"集体游园"中路线最短的一次：即先从德和园的西侧山道上山，沿着万寿山的山脊小路走了一段大弧线，绕着万寿山前山的建筑群走了一圈。（图1-6）

行进中，为了避免与傍晚"出园"的游人相冲突，我们选择了一条游人较少的上山路线。过了文昌阁城关后就绕到仁寿殿的西侧小路，穿过德和园与宜芸馆之间的胡同，直到从永寿斋附近的山路上山。先

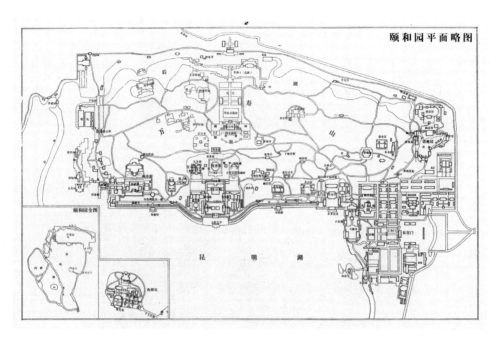

图 1-6 颐和园平面略图（来源：北京市颐和园管理处编《颐和园》，文物出版社 1979 年版）

左行到福荫轩，然后沿着福荫轩北侧的小路一直向西走。

这次测绘的主要区域为以排云殿、佛香阁为轴线的核心景区为主，旁及半山上的五方阁和转轮藏等建筑群。其中轴线上的最北端建筑是连接佛香阁与智慧海的一座称作众香界的琉璃门，也是这次测绘中最远的一个测绘点。

当走到智慧海附近的众香界牌楼时，发现被安排在这里的是一位男同学，从外表看体力不错。

这座琉璃门距离山顶上的智慧海更近些，当我们走在这段山路时，只能避开山上的树木和山石看到南侧佛香阁的上面几层，而无法看到南侧佛香阁和山下排云殿建筑群的全貌。此时，夕阳照在将要测绘的五彩琉璃牌楼上，光线经过折射和反射又打在智慧海南墙的层层佛像上，使得这片区域显得很是庄严和神圣。

众人过了山顶上的智慧海景区，沿着山脊小路继续西行就来到"湖山真意"敞亭，在附近稍作停留。这座三开间敞亭为乾隆时期的观景建筑，被称作"清音山馆"；现在这座建筑是光绪时期按原样重建的，并改名为湖山真意。原来在这里可以远眺西部的玉泉山等景色，后来附近的树木越长越高，越长越繁茂，现在只能作为在山上游览时的歇脚点了。亭子内有卖小吃和饮料的固定摊位，每次来总看到有游人在里面休息。

实际上，"湖山真意亭"是位于万寿山山脊西段的最后一个点，再往西或西南有两条小路，其中一条需要穿过"画中游"的内院，但都是下山的路了。

亭子西南方距离"画中游"建筑群的后门不远。众人随后从这里下山，穿过西侧垂花门进入画中游后院，再绕过前院和一组山石构成的山洞下到画中游的二层楼阁中。这组建筑群的南面由三亭二楼组成，主体是一座二层楼阁式敞亭，为八角重檐式，两侧是用游廊相连的六角形小亭，后面一层的东西平台上还建有爱山楼和借秋楼。

我还是第一次薄暮时分站在画中游的这个二层阁内欣赏昆明湖以及周边的景物。

图 1-7 由"九道弯"西望所得到的颐和园印象

　　这里向西可以看到远处的西山、玉泉山以及玉泉塔一带景物，向南可以看到水天一色的昆明湖，远处的西堤，西堤后面的养水湖。不由想起王勃在《滕王阁序》里的名句，"落霞与孤鹜齐飞，秋水共长天一色。"这两句赋体文同样适合描摹眼前的景物。

　　对于大多数同学而言，无论以前到过或没到过颐和园，此时此刻从画中游里向外眺望的景色都会让人震撼，产生一种难以言说的印象。

　　从画中游下来后，经过云松巢西侧的坡道即可来到长廊，从这里也可看到小路西侧的"山色湖光共一楼"和不远处的听鹂馆。自此再由西向东经过长廊往知春亭一带走，一路上又一次看到万寿山前山上的各个景点：清华轩，排云门，介寿堂，无尽意轩，养云轩，然后从邀月门进入乐寿堂的前院。在乐寿堂的东南角出来，来到临水的、被称作"九道弯"的小路。这时已经接近晚七点，长廊里的游人多已散去。（图1-7）

天色渐暗，同学们经过这一路走走停停，多数已是汗流浃背的样子。最后，队伍又在"九道弯"小路上，靠近夕佳楼的一侧平台休息了一会：有的同学靠在栏杆上吹风，有的找一处台阶坐下，还有的拿出手机拍照。

这里是欣赏万寿山、昆明湖一带的最佳视点：由于逆光，万寿山一带已呈剪影状态，但还依稀可辨山上的智慧海、佛香阁等建筑的轮廓，而刚刚经过的众多山下建筑则多被长廊和附近的树丛遮住，只能看到突出于长廊外侧的几个点景建筑，如对鸥舫、云辉玉宇牌楼等。从这里还可以看到衬托昆明湖的西山及远处的玉泉塔。

线状排布的长廊很像是镶嵌在万寿山与昆明湖之间的一条项链，映衬在水面上熠熠生辉。

后来发现，如此多的同学汇集在这个小路上，对依旧在园里散步的游人有影响，我们这才纷纷离去。

很奇怪，时近盛夏，今年乐寿堂至藕香榭一带的水池中未见往年盛开的荷花，甚至连浮萍都很少见，湖面上只有几条原来划分荷池区域的绳子漂浮在水面上，随着水面的涌浪而时沉时浮。想想原因，或是今年昆明湖的水位过高，或是这里的水质有污染吧。

现在，文昌阁的城门关闭时间有所提前，八点一过，园内的喇叭就开始广播清场了。

回驻地前，横穿颐和园路，在马路对面的一个小摊上买酸奶一瓶，矿泉水一瓶；站在要打烊的小摊前喝掉酸奶、退酸奶瓶子，矿泉水则带回新建宫门附近的临时驻地以应不时之需。这次忘了带一只电水壶过来，现在想喝开水只能每天在颐和园食堂吃饭的时候"打"一些。

夜里被突如其来的下雨声吵醒，雨点打在铁皮屋顶上噼啪作响，时紧时慢，有点像听爵士乐时持续不绝的架子鼓响动。

注释：

（1）张宝章、雷章宝、张威编.《建筑世家样式雷》.北京出版社，2006年6月第1版：P134.

（2）清华大学建筑学院.《颐和园》.中国建工出版社，2000年8月：P95-96.

（3）孙文起、刘若晏、翟晓菊、姚天新编著.《乾隆皇帝咏万寿山风景诗》.北京出版社，1992年8月第1版：P298-299.

（4）嘉庆十八年.《清可轩陈设清册》.

（5）孙文起、刘若晏、翟晓菊、姚天新编著.《乾隆皇帝咏万寿山风景诗》.北京出版社，1992年8月第1版：P284-297.

二、两组"步移景异"的
山地建筑：排云殿建筑群，
五方阁内的"导引建筑"

2013 年 7 月 8 日，
星期一，
雷阵雨。

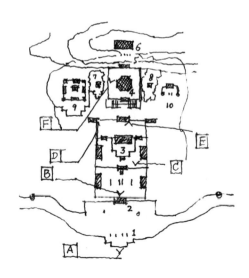

一夜无梦。

早晨醒来发现昨晚的雷阵雨基本停了，但天色还是阴沉沉的，有种随时还要"发作"的意思。

七点半赶到颐和园食堂用餐。此时食堂内的人很多，既有前来上班的颐和园员工，也有使用年票进园的一些老年人，加之我们这些新来的"暑期测绘队"，使得两间房的食堂显得有些拥挤和热闹，买完饭还得等前一波的人走后才有座位坐下来。

还是抓紧时间在八点前吃完饭。八点多请了一位颐和园的领导来给同学们"训话"，讲讲测绘纪律和注意事项。

一会儿工夫，早晨的阴天就变成了小雨；没办法，原定在食堂外面搞的活动只好转移到室内进行。

"训话"的主旨有三点：其一，要爱护颐和园的设施和环境，注意安全。其二，维护颐和园的声誉。最近媒体不停地在炒作各种新闻，包括颐和园东门外被汽车碰坏的影壁和园内的长廊修复；既然大家来颐和园测绘，就要把自己当成颐和园里工作的职工，不要为了突出"个人"而接近媒体，用手机转发不利于颐和园声誉的微博等。其三，这次测绘的住宿条件比上一次（2011 年）还是要好一些，测绘实习属于野外实习，环境艰苦一点属于正常。为了配合测绘工作，颐和园食堂的几位大师傅还要加班，给大家准备晚餐。一般情况，颐和园食堂只提供早午两餐，晚餐完全是因为这次测绘活动才增加的。

等颐和园领导讲话离开后，师生们才三五成群地通过东堤角门和文昌阁，往排云殿方向走。

今天是第一天开始工作，昨晚结束参观时阿龙特意叮嘱大家都穿上专门为这次测绘印制的"T"恤衫；与往年底色为深色背景不同，今年的短衫底色设计成大红，然后再加上浅色图案和文字，使得这种"T"恤衫格外抢眼。按说，在如此规模的园林里，当一群人中有少数人穿这种扎眼的颜色还不要紧，但是当三四十人都穿着这种颜色的上衣汇集在一起时就非常吸引眼球了。

为了使"套装"与我头上的灰白头发相呼应，在T恤衫的外面我又加穿了一件水洗布蓝衬衫。

从身边游客诧异的眼神中可以看出，不明就里的游客还以为我们是外地来京的某个旅游团，或为某一品牌做宣传的"传销队"呢。从另一个角度看，今天天色晦暗、阴沉，我们这群人所穿的大红色T恤衫倒给颐和园里增加了些许亮色，有种"振奋人心"的效果，尽管现在很难有什么事能让人们"激动"和"振奋"起来。

排云殿建筑群是园里少数需要重新购票的景区，八点半才开始放人参观。

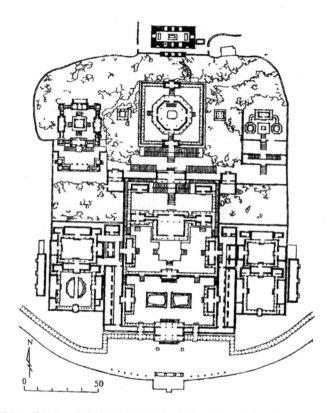

图 2-1 排云殿、佛香阁建筑群平面图（来源：周维权著《园林、风景、建筑》）

　　我们也是在排云门大门外长廊里等了一会，才随着工作人员开门而进门的，进大门后先跟着老师依次参观院内的单体建筑并带分过组的同学进入各自的测绘点。（图 2-1）

　　因早已分完测绘任务，基本上每行进一段就停住几个人，最后跟随我们一起爬到佛香阁下面围廊的只有少数的几位同学。

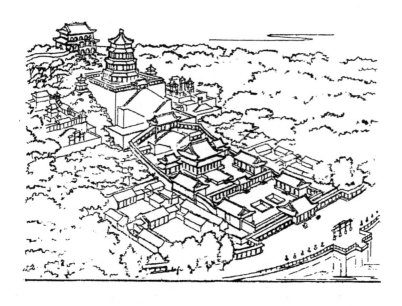

图 2-2 中轴线上的空间序列（来源：周维权著《园林、风景、建筑》）

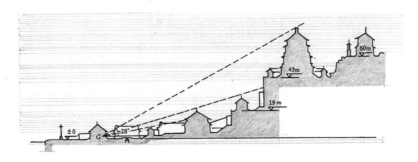

图 2-3 中央建筑群的剖面图（作者改绘）

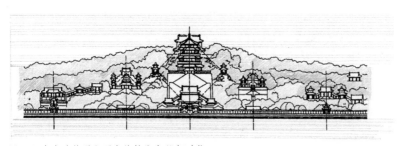

图 2-4 中央建筑群立面上的轴线和几何对位

　　颐和园内的这组建筑既是统领万寿山建筑群的中心，也因建在山腰上的佛香阁（其所在平台标高43米，阁高36米），总高度约为78米，成为参观、体验排云门、排云殿建筑群时无事不在的主角。依据周维权先生的分析，从排云门观看德辉殿屋顶连线与水平线之间的夹角在15度左右，而排云门至佛香阁屋顶连线的水平夹角在28°左右。（图2-2~图2-4）

　　我分别选取了"云辉玉宇"牌楼南侧，排云门附近，排云殿东南角和从排云殿至德辉殿的爬山廊等处视点，从南向北观察，发现拍下的画面中都会出现佛香阁这个主体建筑。可见古人造园时的精心考虑。塔台托起的佛香阁不仅是在湖区周围远观万寿山的一个中心点，也是在置身于这组建筑群中体验时，如影随形随处可见的主体。（图2-5、图2-5A~图2-5F）

图2-5 排云殿、佛香阁建筑群平面示意

图 2-5A 从"云辉玉宇"牌楼南端向北望景观　　图 2-5B 在第一进院落北望景观

图 2-5C 在排云殿东南角北望景观　　　　图 2-5D 在西侧爬山廊上北望景观

图 2-5E 在德辉殿平台上南望景观　　　　图 2-5F 在佛香阁平台上北望众香界和智慧海

进入排云殿大门以后细雨不断，雨不大，对我们熟悉测绘环境与分组影响不大，但对于上下佛香阁南侧之字形楼梯就增加了许多难度，由于构成台阶斜面的坡度本身就"陡峭"，加上雨水湿滑，上行时还好些，下行时就得靠近扶手护栏，以避免发生意外。

上午是带着画具的，包括一个三角形画凳，一个装着颜料和画纸的背包。

在佛香阁周边游廊里分配完测绘任务，了解了院子里各组建筑的大致情况后，我初步选定在半山上的五方阁建筑群内活动。这里又被熟悉颐和园的人称作"铜亭"，是一组合院式布局，院落中央是一座建于乾隆年间的、被称作"宝云阁"的亭式建筑，实际上是一座以铜质为材料的重檐楼阁式建筑。

"铜亭"的正式名称叫"宝云阁"，是乾隆时期所建大报恩延寿寺的组成部分，与佛香阁东侧的"万寿山昆明湖"石碑相呼应，象征着一金一玉。在 1860 年的那场劫难中，这两组建筑有幸未被波及，成为幸存的几组清漪园时期的建筑群之一。

五方阁是一组方环形建筑组合。在地势较高的北面建有主阁：五方阁，在院落的东、南、西三面各建一门，四角建有四座方亭，这些建筑均以走廊连通。"五方"意指佛家的"五方色"，按佛教密宗的说法："东方青，南方赤，西方白，北方黑，中央黄。"五方阁暗指

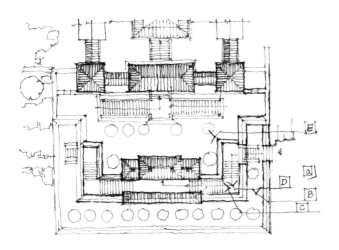

图 2-6 五方阁建筑群前部平面示意

汇聚天下五方之色，比喻天下归心，四海升平。乾隆时期，每有佛事或每月的初一、十五往往请信奉密宗的喇嘛在这里诵经，主要是为帝后祈福。目前在五方阁下的灰白色石壁上还依稀可见刻有花纹的边框，是当年喇嘛诵经时由上面垂挂佛像的地方，其场景应该与现在藏区"晒佛节"的景象类似。[1]

"铜亭"位于五方阁环形院落的中心部位，由较高的汉白玉高台所托起，同样在东、南、西三方建有通向上方的台阶。由于高台占地较大，院中所余空地不多，来到院落中的游人也只能欣赏到仰视的"宝云阁"；游人一般会围着高台上的"铜亭"转一圈，往往拍照后随即离开，游廊中只剩下"看护"建筑的工作人员。

在"铜亭"周围的回廊里徘徊了一会，以便选择一个合适的景物作画。

从南侧围廊里可以取得一个仰视东北角佛香阁的视角，后考虑到画面"工程太大"而没有动笔，还有一个以"铜亭"为主角的画面也被放弃了，主要是氧化后的黑灰色的铜质很难用水彩表现。后来在前廊里找到可以描述院落东北角的一段小景：有上面的一段呈台阶状的连廊和一个重檐角亭，加之院内东侧的配殿一角。如此的画面构成会显得层次多些。（图2-6）

当上午的写生进行到一半时还赶上一阵暴雨。下雨时会有少量的游客躲进围廊里避雨，现在的游客已经不太关心别人干什么，特别是画画这种很"私人"的活动，不过，游廊里人多点还是显得多些生气和温暖。

十一点一过就招呼在这里工作的同学离开、回去吃午饭。待走回食堂用去了半个多小时，带着他们绕过了"九道弯"一带人群最多的一段路。中饭后回驻地休息一会儿，一点多收拾画具从新建宫门进园。

下午天空依旧阴沉，有随时要下雨的样子。如果从这里走到排云殿估计得用四十分钟以上；看到"铜牛"附近有游船码头，游船可以从这里直接开到石舫。想想还是借用一下这里的"公共交通工具"，也好节省些体力；随后决定搭船过去，购票上船，游船票价15元。后来发现持有"颐和园的临时通行证"可以不必买票。

从游船上可以看到万寿山南侧的整体面貌，特别是由排云殿至佛香阁、智慧海组成的雄伟建筑群，也可以看到佛香阁东西两侧的两组建筑：转轮藏建筑群和五方阁建筑群。从游船的航道上看，位于转轮藏院落里的、汉白玉制成的"昆明湖题记"碑显得很醒目。

船快临近石舫码头时，可以看到西堤一带的景物。

顺着来时的小路往回走，到达排云殿的大门。

沿着西侧游廊走到五方阁上午画画的地方，计划把上午未完成的水彩补完。

到现场后才发现有位同来的女生坐在那里画素描，因不熟也不好意思说别的，只好坐在相邻的位置接着画，又加了一些建筑上的细部。

今天一整天没有阳光，也就不必担心下午与上午的光影出现不一致了。很奇怪，在没有光影的天气里作画，画出来的水彩画往往也显得很沉闷，一副打不起精神的样子。看来，水彩画还是需要有阳光和阴影才会让画面精神点，让看画的人振奋起来。有一段时期，我国的水彩画师也追求中国画般的水墨效果，用很少的几种"灰"色作画，尽管这种技法适合于表现江南的水乡风景，但由于画面上缺少亮色和对比色，还是使画面看起来有些沉闷，距离欧美水彩画家的作品还是有很大的差距。

这次来测绘的学生中，除去以往建筑和规划专业的学生，还有五名环艺系的学生，两男三女，一年级和二年级的均有。阿龙说想搞个小实验：让他们也画画测绘的古建筑，或帮忙画画建筑群附近的山石，回去可以作为古建筑测绘图的配景。

在我画水彩的同时，还有一位女生用画素描的方法画院里"铜亭"的"正面"仰视，几位在这里画测稿的建筑系同学不时地去看看。立在院里的铜亭本身构件就复杂，加之颜色偏重，用这种打阴影的素描方法去描绘属于费工费时的一种，并不像"线描速写"类讨巧，倒是有一种"超现实主义"的味道。

画完画与在这里值班的一位管理人员聊天。

他是一名在东北某地当过兵的转业军人，至今还对东北的天气、当兵时的情景记忆犹新。他说这里的工作（值班）虽然不累，但有些无聊和寂寞。每次来"山上"都会带着半导体收音机和水杯，到这里找个游廊一角，把收音机的音量放得很大，既是为了"听音"也是为了排遣这里的寂寞。

我倒是很羡慕他的这份"寂寞"，就半开玩笑说：等我退休后也想找这么个事干，只是不知道颐和园要不要我。

快五点，年轻的值班小伙过来告知：我们五点卜班！意思是让我们按时尽快离开。

在"收工"回食堂的路上，看到几位园林工人在长廊以南的小路上给附近的柏树树根加"防护板"，即先依照树坑尺寸制作一个木制的"斗形龙骨"，然后在龙骨上铺设细木板。其目的是防止因游人太多而踩压到裸露在地表上的树根，可以看到近年园林方面的细心和爱心。

晚，在宿舍灯下整理当天日记及有关五方阁的资料。

乾隆时期，五方阁及其东边的转轮藏，下面的罗汉堂、介寿堂都属于宗教性建筑"大报恩延寿寺"的组成部分。比较奇怪的是，在乾隆皇帝 1500 余首歌咏清漪园的御制诗里，对这组寺庙建筑群的记述只有一首，而对其他部分的园林建筑，哪怕一亭、一桥，则多有题咏。比较而言，当时社会中的人，上至帝王下至百姓，对佛教、道教以及相应的宗教性建筑多有敬畏之心，而非我们今天参观这些建筑时的"游玩"心态。

从现场勾画的五方阁总图来看，位于半山腰、东西向平台（指德辉殿北侧与塔台楼梯之间的空间）上的人，想要到达五方阁的山门附近，需要从西侧红墙上的一个相对低矮的拱门进入，然后经几步台阶上到第二层平台和一个圆拱门，再经过一个位于墙体东南角的"L"形楼梯抵达山门南侧的第三层平台，由此到达五方阁建筑群的前院。（图 2-7、图 2-7A~ 图 2-7E）

图 2-7 从南侧小院仰望佛香阁

图 2-7A 第一道大门外观

图 2-7B 第一道大门与第二个门洞之间

图 2-7C 上升台阶中部西望   图 2-7D 上升台阶中部北望

图 2-7E 包括南侧牌楼的南侧小院

　　在由圆拱门至第三个平台的过程中，既可以感受到第一个矮墙与后面高墙之间庭院的幽深，也可以感受到两个高墙之间空间的封闭感。在体验这部分外部空间中，特别从拱门到"L"形楼梯的出口过程中，一方面可以感到从这种封闭空间中眺望东南角塔楼的喜悦，有一种挣脱"幽闭性"空间的冲动。另一方面，可以感受到突如其来的"幸福感"，由于空间狭小，"L"形楼梯的出口汇合在五方阁建筑群前院的牌楼南侧，一侧则是凸起于高墙的影壁墙。

尽管这组建筑群的南侧院落不大，但设计时还是营造出一种佛寺建筑的幽静感。小院在靠近北侧升起式楼梯的一侧，种植有数棵柏树。在一个相对封闭的空间内，空间中的汉白玉石牌坊和这些柏树一同构建起净化游人心境的作用。

这段平台位于南侧影壁和一座白石牌楼之间，人们在这里可以仰视刻在牌楼横梁以及立柱上的几副对联，其中有："境出远尘皆入咏，物含妙理总堪寻。""山色因心远，泉声入目凉。"读起来多感"禅意"，转过去，另几副对联与南向山门相呼应，其中的横联为"川岩独钟秀，天地不言工"，另有两副刻在石柱上的柱联，其中的一副为：

"苕雪溪山吴苑画，潇湘烟雨楚天云。"

意思又好像是在赞叹此地的山水景致了。

咀嚼和体味这几副对联的词意，或许能从这几副对联中窥视一些高宗皇帝当年选址在这里建造这组五方阁的原因。

注释：

（1）刘若晏著.《颐和园》.国际文化出版公司出版发行.1996年10月第1版：P10.

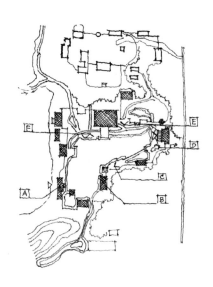

三、谐趣园内的组景
和墨妙轩法帖

2013 年 7 月 9 日，
星期二，
小到中雨。

早起就发现外边在下小雨，天色阴暗，一副闷闷不乐的样子。

从驻地小院出来后，沿着东侧宫墙边小路去颐和园食堂吃饭；在宫墙和小路之间有一条小河，水面上闪动着大小不一的荷叶和星星点点的荷花，经过早晨雨水的滋润，荷叶和荷花显得都很干净，空气中飘浮着一种带有荷花、荷叶清香的香气，让人的精神为之一振。

想到前天看到的、九道弯附近的水面和今年"歉收"的荷塘，不由想起另一处每年可以看到荷花的地方：谐趣园内的"L"形湖面。

吃饭后见到阿龙，打招呼后就去了位于园子西北角的谐趣园。实际上，每次来颐和园都会去谐趣园，看看里面是否有什么变化，体验一下这座小园的设计意趣。

从谐趣园西侧宫门进园后，没有像以往那样右拐进入南侧的知春亭、引镜和后面的洗秋榭与饮绿亭一线，而是折而向左来到澄爽斋附近；在这里既可以欣赏到西侧平台下方的荷池，也可以看到对面的饮绿亭和洗秋榭（那两座建筑里经常挤满坐在栏杆上休息的京城市民）。

今年此处的这片荷花还是很对得起"赏花人"的，躲在荷叶下面的荷花以白色和浅绿色的居多，粉红色的较少。

由于今年九道弯附近的荷花没有长成气候，来颐和园里看荷花的北京市民多数就跑到这里，一些爱好摄影的发烧友甚至在平台上支起三脚架拍照。实际上，颐和园里还有一处荷花长势繁茂的所在，就是位于西堤西南角的养水湖（古时称西湖），只是那里距离人们方便到达的东宫门、北宫门都较远，如果不是"花痴"级别的"发烧友"，很难下决心去那里看花。

澄爽斋一带的荷花开得花势喜人，但由于水面和岸边游廊有一定的高差，一般情况下，人们只能采取俯视的角度、有距离地欣赏。但总有追求零距离接触的人们，恨不能抱着一只莲花亲吻或拍照。

一位中年男子看到一个小孩在下面的花叶间拍照，就也试图靠近几支盛开的荷花，也许是他的分量太重或是他难以像孩子般灵活地掌握平衡，当脚下的石头松动时他也就随之滑向水中，多亏身边的一位同伴手疾眼快，一把拉住他，使他没有跌进下面的泥塘里。

记得前年在谐趣园里画画时，曾留意"引镜轩"前抱柱上的对联："菱花晓映雕栏日，莲叶香涵玉沼波"，想来是当年园主人欣赏荷叶、荷花的理想所在。夏天的水面，除了亭亭玉立的荷花、匍匐于水面上的菱角叶，还有成片的浮萍。如果站在"L"形水池中部的饮绿亭内往往可以得到一种"如饮"绿酒般的景观，所谓"一篙湖水鸭头绿，千树桃花人面红"。用诗人陆游的诗句形容谐趣园内的水面风光和兴奋的游人倒是十分切合。（图3-1、图3-2）

我们现在看到的谐趣园已经不是乾隆时期的原貌，而是经过嘉庆

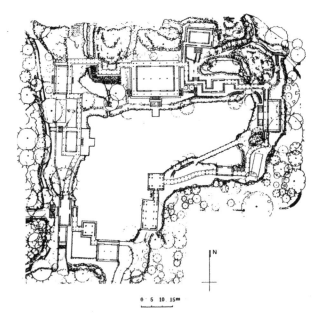

图 3-1 谐趣园平面图（来源：清华大学建筑学院编著《颐和园》）

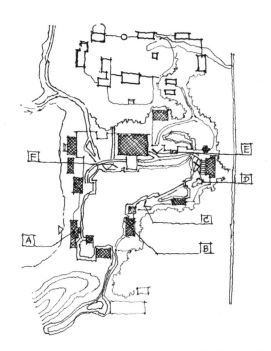

图 3-2 谐趣园平面示意

皇帝，慈禧太后等改造、增补后的结果。

"嘉庆十六年（1811年），嘉庆皇帝下旨对惠山园进行一次大规模修缮，取高宗皇帝'题惠山园八景'诗序中'一亭一径，足谐其趣'和'以物外之静趣，谐寸田之中和'的含义，改惠山园为谐趣园。"[1]期间，拆掉原来的"墨妙轩"建五开间的"云淙殿"（现为涵远堂），后又增建了"知春亭"，重檐的"小有天"园亭等建筑。

咸丰十年（1860年）谐趣园被毁。

光绪十二年（1886年）慈禧太后开始重修颐和园。在重建谐趣园的过程中，增添部分园内建筑，如存放乾隆题诗的"兰亭"，扩建了"引镜"，并以游廊连接各处亭榭，同时加筑了船坞附近围墙。

现在的谐趣园已经从清漪园时期、一种江南自然风情的疏朗型园林变成一座亭、台、楼、阁、廊兼具的紧凑型园林；如果比对两个时期的平面图，可以发现现在的谐趣园弱化了"惠山园"的"山林野趣"，加大了园内建筑物的密度，强化了皇家园林的富贵气息。其中，乾隆时期的墨妙轩被拆除，原址另建涵远堂，成为与饮绿亭对应的园内主体建筑，也使得谐趣园的设计轴线由东西向（载时堂至澹碧斋）改为南北向（饮绿亭至涵远堂）。（图3-2A~图3-2C）

同样是对周围环境的借景，无锡寄畅园通过布置东西向的水面借景西面的龙华塔，而惠山园时主要是借景西侧的万寿山。这里，乾隆

图 3-2A 由谐趣园宫门眺望饮绿亭

图 3-2B 由饮绿亭眺望涵远堂

图 3-2C 由涵远堂西南角看饮绿亭、洗秋榭

皇帝不满足寄畅园的长条形水面，而将水面在中部扩大后左转，形成一个"L"形水面，不仅增加了从园内"借景"万寿山的范围，同时也可以沿水面布置更多的建筑物，实际布置的建筑物还比较节制，乾隆一再题咏的"惠山园八景"中建筑景观有六个，自然景观有两个（寻诗径和涵光洞）（图3-3）。

将乾隆惠山园与无锡惠山园进行对比，可以发现前者模仿最像的一段是园林的东南角，即现在饮绿亭、知鱼桥到知春堂一带。当时乾隆惠山园的北侧比较疏朗，以自然景物为主，唯一的建筑墨妙轩距离水面还有一段距离；而现在的谐趣园北岸增设了曲廊、兰亭、涵远堂

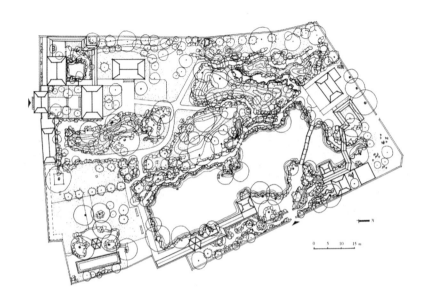

图 3-3 无锡寄畅园平面图（来源：胡洁、孙筱祥著《移天缩地 - 清代皇家园林分析》）

等建筑。从知春堂前的高台上从东往西看，可能是景物改变最多的地方，但依稀可见乾隆在这里仿建惠山园的原因，主要是西边万寿山的山势和树木可以做园林的借景，使得园林的自然景物显得更加深远。（图 3-4、图 3-2D）

由于现在谐趣园的大门（宫门）设在园林的西南角，进门后看到的主要景观是位于"L"形水池拐点的饮绿亭和洗秋榭两个小建筑，若想看到位于园林东北角的知鱼桥、知春堂等建筑需要绕过南侧水池，经过饮绿亭之后才能满足心愿。从而增加了园林的趣味性和体验性。（图 3-2E）

图 3-4　无锡寄畅园由东向西借景

图 3-20　由知春堂远眺澄爽斋、万寿山

图 3-2E 由知鱼桥西看知春堂

看了一会荷花，就顺着湖岸小路去南岸寻找"墨妙轩"的痕迹。

惠山园时的"墨妙轩"不仅仅是一座三开间的敞轩式建筑，更因为内壁墙上收藏有"三希堂续帖石刻"成为乾隆时期乃至以后一段时间文化传播的一块"发祥地"。

"法帖是人们学习书法的范本，如三国时期的钟繇，他的书法就是东晋王羲之学习的范本。由于纸本、绢本难以保存，后人就把古人写在纸帛上的墨迹摹刻在木板或石板上，以便拓印流传，这种可以作为后学学习范本的书法帖子被称为'法帖'。"[2] 在古代社会，评价一位学者是否会写字往往以其是否能延续古人的笔法、章法为标准，与今天遍地都是自称为书法家的情况差异极大。但那时，名人真迹往往收藏在宫廷或少数收藏家之手，读书人难得一见，而法帖被称为"下真迹一等"的物件，成为读书人学习书法的主要途径。传拓时间比较早的拓片和法帖后来也成为收藏家的收藏对象。

位于故宫养心殿的西暖阁就是因为存放乾隆皇帝的三件晋人法书：王羲之《快雪时晴帖》，王献之《中秋帖》和王洵《伯远帖》而得名。

乾隆十二年（1747年）腊月高宗皇帝下旨开始刊刻《三希堂法帖》，至乾隆十九年初全部竣工。由梁诗正、蒋溥、汪由敦、稽璜编辑，所收法帖"上起魏晋，下至晚明，凡135家，340件作品，题跋二百余条，共三十二卷，刻石495块。"[3]这些刻石基本保存完好，现存北京北海阅古楼上。该法帖的核心内容即是收藏在三希堂内的三帖。

"乾隆二十年（1755年）又续刻了《续刻三希堂法帖》，又名《墨妙轩法帖》，由蒋溥、汪由敦、稽璜等编辑，焦国泰刻石……帖以隶书，冠以'御刻'二字。帖石嵌万寿山之惠山园墨妙轩两壁间。"[4]该法帖收录的重要书法有唐代诗人杜牧的手稿《张好好》诗，孙过庭所著《书谱》墨迹等。

这卷诗卷的真迹现在保存在北京故宫博物院。《张好好》诗卷为唐代著名诗人杜牧所书，为流传至今的少量唐代诗人墨迹，具有极高的书法和史料价值。此卷从唐宋以后一直被各个朝代的皇室和大收藏家所收藏，曾入《大观录》、明代董其昌所刻《戏鸿堂帖》、清代梁清标所刻《秋碧堂帖》等著录。民国年间被宣统带出清宫，1945年日本投降后流落于东北某地；庚寅年（1950年）经琉璃厂古董商靳某在东北收到，又被带往北京和上海寻找买家。民国名士张伯驹知道后辗转以五千多银洋买下，后于1956年捐赠给故宫博物院。其中的收藏过程极具传奇性。

"清初的名品书画，大都收入乾隆内府，故《石渠宝笈》所载，都是这个时期的法书，其中《三希堂法帖》和《墨妙轩法帖》（也称《续刻三希堂法帖》）所收的，已占清代法书收藏的大半。"[4]一些学者评价《三希堂法帖》及《续刻三希堂法帖》："（其）规模之宏大，收罗之丰富，可谓前无古人。""此帖用历史的眼光来分析，还是称得上品鉴谨严，考定周悉，排列有序，刊刻精良。唯一缺憾之处在于：为做到刻石尺寸整齐划一，很多法书被迫整形，移行挪位，有削足适履之嫌。"[5]对我们今天了解内府收藏，提高书法鉴赏水平依然具有极大的学术价值。（图3-5）

天大等机构学者合著的《清代御苑撷英》一书中提及："当年轩（墨妙轩）前小池的角上，曾有股山泉名云窦。现泉已无水，空余云窦两字。当年乾隆有诗赞曰：佳处敞轩名墨妙，导之泉注顿山安。钗脚漏痕犹刻画，请看立石与流泉。"就是对当时实景的描述。[6]

在徐凤桐编著的《颐和园趣闻》一书中有一段说法则值得商榷：

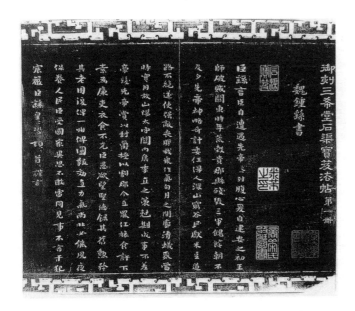

图 3-5 三希堂法帖书影（来源：仲威著《碑帖》）

"墨妙轩即现在的湛清轩，不过名称变动而已。其轩内曾存有三希堂续摹石刻，廊壁间嵌有墨妙轩法帖诸石。虽然现在三希堂续摹石刻已迁至宜芸馆，但乾隆的题诗仍留在湛清轩内。" [7]

这里有一个情况需要说明：其一，三希堂续摹石刻和墨妙轩法帖诸石是一回事，后统称为三希堂续刻。因湛清轩内我没有进去过，无法确定内部是否有乾隆的题诗。其二，宜芸馆院墙上的刻石我调查过，现在宜芸馆南廊下的十块石刻都是乾隆御笔，在那里找不到三希堂续刻的痕迹。换句话说，宜芸馆内刻石的内容是乾隆皇帝的仿古书法，

图 3-2F 湛清轩外观

不是《三希堂续刻》。现在只能说《三希堂续刻》的这部分刻石的下落存疑。

多次来谐趣园我都想一探湛清轩的内部情况，只是因为湛清轩的门窗被封闭得太严实了，没能窥探到其内部情况。在谐趣园中，湛清轩所在的位置相对距离水面较远，位于兰亭和涵远堂之间空地的北侧，如果不是有意去寻找这栋建筑，往往会把它忽略过去。（图 3-2F）

现在的题有"云窦"两字的石块在"小有天"园亭附近，已经是慈禧太后的手笔。位置距离涵远堂和湛清轩都有距离，很难让人联想到它与"墨妙轩"的联系。难怪连介绍颐和园的学者都说："由知春堂北廊进小有天圆形亭，亭北假山现出一洞，巨石封住洞口，洞口上方有'云窦'两字，示意这里已是云雾山中藏云入洞的神仙洞府。其实这是个假洞，无洞可入。这是'作假成真，实中有虚'的造园手法，耐人寻味。[8]"

这就出现了与当初高宗引入泉水全然不同的两种解释。是真是假，或是存疑？

恍惚间就顺着寻诗径小路走到玉琴峡上的石桥，这时才想起原来通向后湖的通道近年被封起来了；也许是下雨的原因，没有见到那只徘徊在湖石假山附近的老猫。

天上的雨还是想起来就下一阵，如同一个闹人的孩子，眼泪和哭声可以时断时续。

三点前乘船由十七孔桥到石舫，然后带着画具进排云门。

在第二进院子、排云殿院内的南廊下找到一个视点，画面中的正殿只能看到屋顶和上半身，中景可以看到大殿南侧的月台，通往月台的台阶，近景是月台下方的铜缸、铜香炉等物；因下雨，月台上的正殿已经有点不清晰，而近处的铜缸等物经过雨水的冲洗则显得很干净。

先勾画了一张前面铜缸的钢笔画，弄清它的构造，然后才开始在水彩纸上画眼前的景物。这张画用时一小时左右，因省略了远处正殿建筑上的细节，很有水彩速写的味道。

快画完时，一位在后院测绘的男生跑过来看画，并问我：为什么在画面上突出前面的香炉和铜缸，而不去描画建筑上的细节，突出建筑物？

答曰：一张绘画总要事先设定主题要表现什么，从而用对比的色彩把主景突出，同时弱化次要景物的色彩；尽管我们把这种绘画叫对景写生，但绝不能看到什么画什么。一群画家来这里写生，面对眼前的同一个景物，因为每个人理解的不同、取舍的不同，也会出现不同的画面构图和不同的色彩组合。实际上，现在的写生只是描述一种当前的气氛和此时的心境，过于"真实"也没有必要。在一个几乎人手一台相机（手机）的情况下，精准的摄影已经取代了过去绘画的写实性功能。

尽管下雨，游人还是陆陆续续地买票进入排云殿景区。通往排云殿正殿的台阶成为人们留影的一个景点，来游览的人群中以年轻人和情侣为主，也有中年夫妇陪伴老年人前来的。人们都在忙着自己的事，很少有人停下来慢慢看我画画，更多情况是绕到我身边，看一眼画纸就走。对我则是一段难得的清静。

下午五点多，这里的工作人员要下班，我与一些学生也收拾东西去颐和园食堂吃饭。

路上的游人依旧很多。又看到一些工作人员给沿湖小路旁的古柏树坑加盖木板，就随手拍了几张；这样做的目的是减轻大量游人对树根部分的踩踏，防止树坑内的泥土被压实而造成树木无法呼吸。园林内这种细微的改变每年都在发生，表现出园林管理者对园内古物与古树的爱护。

颐和园食堂为我们供应晚餐的时间在五点半以后，我差不多六点就吃完了；几乎比在家时提前了一个小时。

回到驻地宿舍，接到家里打来的一个电话，妻子告诉我周末她们母女和同事要去济南旅游；一会又接到一位"留美"同学的电话，告知我她刚刚回国，正在福建的弟弟家，谈到国外小孩的一些上学情况。因手机信号不好，一般会持续半个多小时的谈话只延续了十几分钟就断掉了。

人在颐和园里实习，真的如同在山里修行一般，不仅远离电视、电脑、固定电话，加之手机信号不好，用手机的时间也很短。在这里除了看看带来的闲书，几乎不用操心什么事。

好像哪个古人说过：天下本无事，庸人自扰之。

注释：

（1）天大、北京园林局共同编著.《清代御苑撷英》.

（2）张菊英、闻光编著,《碑帖鉴赏与收藏》.吉林科学技术出版社,1996年1月第1版：P129.

（3）仲威著《碑帖》.上海文化出版社,2008年7月第1版：P59.

（4）张菊英、闻光编著,《碑帖鉴赏与收藏》.吉林科学技术出版社,1996年1月第1版：P143.

（5）仲威著《碑帖》.上海文化出版社,2008年7月第1版：P59.

（6）转引注,天大、北京园林局共同编著.《清代御苑撷英》：P38.

（7）天大、北京园林局共同编著.《清代御苑撷英》：P38.

（8）刘若晏著.《颐和园》.国际文化出版公司,1996年10月第1版：P107.

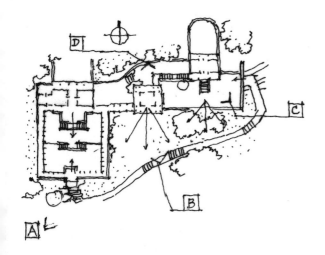

四、老工匠讲解排云殿、
独访云松巢建筑群、
有关乐寿堂的史料

2013 年 7 月 10 日,
星期三,
小到中雨。

昨天晚饭时，阿龙就谈及明天上午将请一位颐和园的老员工过来，给同学们现场讲解一下排云殿附近的几处工程做法，并补充说这是在延续当年梁思成等中国营造学社时的传统——请教老工匠。

天气预报说今天依旧有雨。

吃早饭时碰到阿龙和几个来实习的女研究生。饭后，几人就一起往排云门走。

当经过玉澜堂前面的码头时，发现今天的售票处前面空无一人，游船也因天气原因都成排地停靠在木质码头的两侧，很是整齐。而远处的西堤和玉泉山一带景物也因为清新的空气而一下子变得清晰起来；仔细看，云雾之气将西堤垂柳的上方和玉泉山一带的山形分隔开来，形成几个有意思的空间层次与横向画面，与几年前清晨时分欣赏到的杭州北山街一带的风景极为相似。

到排云门附近时，发现请来的老师傅已经到了，姓肖。聊了几句后发现，2006年测绘实习时我们曾经见过面，当时他随着颐和园的另一位老师傅——甄师傅一起来给几位老师答过疑，算起来是甄师傅的一位徒弟。现在这位肖师傅也已退休，从其口中得知甄师傅已经过世好几年了。

努力地回忆起七年前甄师傅的那次现场讲解和采访，当时也许是有甄师傅在场的缘故，这位肖师傅的话不多，只是偶尔对甄师傅记不清楚的事补充一二，所以留下的印象不深。

现场讲解先在排云门南边的东侧游廊里，好在这时的游人不多；等到游人在游廊里聚集起来，噪声盖过讲课的声音后，大伙只好移到排云门南侧的"金辉玉宇"牌楼下面。这里是排云门大门前的小广场，我们聚集起来的几十人对游人的通行和拍照影响不大。

"金辉玉宇"牌楼位于昆明湖岸边，是构成排云门、排云殿、佛香阁轴线的第一座建筑物。记得近年在故宫网站上看过一幅古画，称作《崇庆太后万寿庆典图》，为清代宫廷画家张廷彦等绘，绢本设色共四卷。绘画内容表现了在乾隆十五年（1751年）十月二十五日，清高宗弘历生母崇庆皇太后六十岁寿辰时，乾隆为此举行盛大庆寿活动的场景。画面从西华门到西直门外的高梁桥，十余里路张灯结彩，沿路有戏曲、杂技等表演。画面最后表现了乾隆时期清漪园的面貌，可以说是现在所能看到的乾隆时期清漪园的最可信记录。（图4-1）依照这幅写实性绘画上的描述，在小广场的东西两侧应该还立有两座与"金辉玉宇"牌楼大小相类似的牌楼。

可以推测，当时在排云门南侧，三座牌楼加上凹入的长廊和排云门一起共同构成了一个相对完整的外部空间。

很可惜，清漪园时期建在排云门前的三座牌楼连同后面的大报恩寺都毁于1860年的那场劫难，而后来仅仅恢复了金辉玉宇牌楼，界定出这条南北轴线上的最南端建筑物。（图4-2）

图 4-1 古画《崇庆太后万寿庆典图》局部

图 4-2 "金辉玉宇"牌楼北侧景观

现场听肖师傅讲解，我们原来以为是木质的"四柱七楼"牌坊原来是用现代的钢筋水泥等现代施工材料仿制的，只是仿木结构的细节比较到位，加之彩画的覆盖，会使人产生一种错觉而已。如此说，这座牌楼的复建时间应该不会太长。

在这里，肖师傅特意讲了一下支撑牌楼的四棵主要立柱的基础处理，解释《营造法式》上所说"柱高一丈，埋深八尺"的含义和道理。

因为牌坊多单独设置，而且仅仅依靠几棵主要立柱作支撑，所以下面的基础必须深些才能抵抗两侧的风荷载；这里防风和防止因头重脚轻引起的倾覆成为牌楼设计时必须考虑的重点。由此才有在立柱下端设置夹柱石的作法。

现在的"金辉玉宇"牌楼由于是仿木结构，实际上可以不加这种夹柱石和两侧斜撑作法，之所以要这样做是主要因为要"仿制"出原来木牌楼的样子而设的，当然也有加固支撑的作用。

不由地想起在北宫门附近，长桥南侧还保留的三处石雕遗址，就是木牌楼下端的几段夹柱石。至今还可以看出石质构件如何与木构件的交接和联系，尽管上面的柱子和它所支撑的牌楼不见了，但仍可清楚地看到这种"夹柱石"的作法，而且是乾隆朝清漪园时期的原件。（图4-3）

一会儿，众人又随着肖师傅从排云门进去，上台阶去看二宫门附

颐和园2015
后朗布，夹柱石
（乾隆工）
June 22,2015.

图 4-3 保留在后山的、清漪园时期的夹柱石

近的一段廊心墙。廊心墙可分为两种，依所用材料分为"软心"和"硬心"；所谓"软心"就是廊心墙的材质为木质，上面可以绘制彩画。"硬心"廊心墙指材质为黏土砖，以青砖为多，实际是砖墙垒砌起来后，在外面再贴一层"金砖"作装饰，金砖的尺寸在一尺七寸到两尺之间，与水平呈 45° 斜砌，对青砖质量和工匠的"手艺"要求较高。

当一群人讲着、说着、听着时，传说中的小雨在不知不觉中下了起来。因众人多没带伞或看到肖师傅还在雨中讲解，也不好意思自己撑起个伞，学生们就用手边做记录的画夹遮遮雨，好在雨水下的不大。

比较神奇的是，不知何时有个穿跨梁背心的背包客也混迹在学生群里，听得达"甚是认真"，其痴迷程度甚至有过于学生。这个人好像从湖边牌楼起就一直跟着听，肖师傅讲的都是些"工程做法"，与导游讲的景点介绍并不相干，要说是"蹭点免费导游"也不像。在排云殿前，也许因为学生们太拥挤他自己一个人离开了，可惜，只是没有机缘打听他为何喜好这些。

因"内急"得去排云门外面找厕所，只好离开众人一会。回来时看到他们已经移动到排云殿南侧的平台上，看看人太多就不好再往前"靠"，只在外围侧耳听了听。

听到的谈话也不怎么连贯，有"兽不离金（柱）。开口为吻，闭口为兽。""雀替需一木连作。"等等。依据肖师傅的动作指向，猜想他在讲屋面正脊和斜脊上的吻兽吧。

清漪园时期,这座位于万寿山前山中轴线上的中心建筑群称为"大报恩延寿寺"。（图4-4）

据介绍，"大报恩延寿寺是仿明成祖在南京为母寿而扩建的报恩寺建造的。山前建有天王殿，随山势起建大雄宝殿（今为排云殿），殿后高起建多宝殿（今为德辉殿），东建慈福楼（今为介寿堂），西建罗汉堂（今为清华轩）。大雄宝殿前，原有钟鼓二楼及碑亭，碑上刻有《御制万寿山大报恩延寿寺碑记》。多宝殿后建佛香阁，阁东有转轮藏（藏经楼）并"万寿山昆明湖"石碑，阁西则有五方阁和宝云亭（铜亭）。阁后山顶上建众香界及智慧海。

寺建成后,乾隆奉母来此拈香。直至咸丰年间,每月朔望有唪经之例。

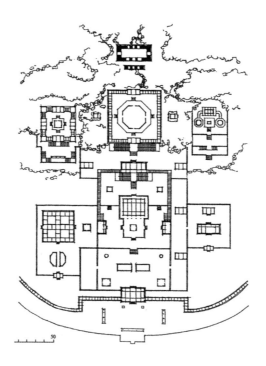

图 4-4 清漪园大报恩寺总平面图（来源：周维权著《园林、风景、建筑》）

图 4-5 清漪园大报恩寺的延寿堂（来源：周维权著《园林、风景、建筑》）

咸丰十年"英法联军"火烧清漪园，除智慧海、众香界、宝云阁、转轮藏外，建筑大多被毁。慈禧重修颐和园时，重建了上半部建筑，将下半部改为以排云殿为中心的一组殿堂，供她做寿受贺之用。"[1]（图4-5）

与这段史料相比对，在从天王殿（现排云门）至德辉殿这条轴线上，除了建筑功能和少许建筑规模的改变，第一进院落中的钟鼓二楼和碑亭已无踪迹，但前院中的一段金水河和河上的三座石桥还保留了原来"大报恩寺"时期寺庙建筑的"前导性"仪轨。

清漪园时期，模仿江南园林的景点不仅有前文提到的"惠山园"（后改为谐趣园），模仿南京报恩寺建成的"大报恩延寿寺"（后改为排云殿、佛香阁一组建筑），还有一座建在排云殿西侧半山上的建筑：邵窝、云松巢，模仿北宋学者邵雍在河南苏门山隐居地点"安乐窝"。只是后者由于位置偏僻，建筑的规模不大，往往被人们所忽视，也不见收录于早期介绍颐和园的图集中。

在我求学的二十世纪八十年代，系里的胡德君老师曾经给研究生开过一门有关园林设计的专业理论课《园林建筑设计》，主要讲授园林建筑设计的方法和技巧，课上通过列举和分析大量案例来使学生了解，如何从古典园林建筑和现代园林建筑中吸取营养。其中，当讲到园林布局和空间组合形式一节时，特意提及颐和园里的云松巢这组建筑。

图 4-6 云松巢建筑群立面

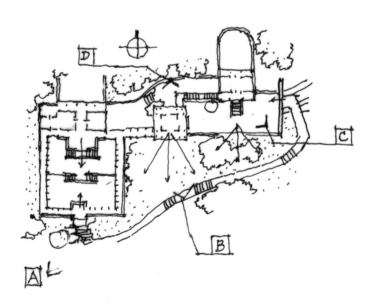

图 4-7 云松巢建筑群平面示意

保留下来的课堂笔记中记有胡老师的一段点评："云松巢依山势
高下而跌落，建筑主体为西侧庭院，庭院东侧用廊子把亭子和另一单
体建筑连接成统一的建筑群。"（图 4-6、图 4-7）

这门课中涉及颐和园的部分总共只有四处：排云殿建筑群，乐寿堂建筑群，谐趣园建筑群和云松巢建筑群。当时给我留下了很深的印象，只是一直没能抽出时间和心境来现场调查和验证云松巢的这段空间组合。

下午天气依然晦暗，空气中的湿气很重，一种雨未下透的样子。

在进排云门工作之前，首先来到云松巢附近，试图找找这组建筑群的"魅力所在"，看看是否能看到从这里升腾起来的云气。

地图上看，云松巢、邵窝这组建筑位于长廊西段北侧的山坡上，但由于长廊与建筑群之间隔着一片长满红松的松林，从昆明湖岸边和长廊里是看不到这组建筑的。若要看到这组建筑，得绕到"湖光山色共一楼"的东北角，才能发现隐藏在一片山坳里的建筑群。

首先可以看到一组在山石台阶引导下的，位于高台之上的垂花门及附近的方整院墙，院墙上规则地分布着各种形状的景窗，围墙里面就是云松巢。这里不对游人开放，在台阶周围散布着一些古树，如白皮松、古柏等，更衬托出这组建筑的幽静。（图4-7A）

顺着台阶下方的小路继续往东北行进是一条上山坡道，在行进过程中可以看到北侧高台上的一段不规则矮墙和一座方亭。尽管山坡上有少量树木遮挡，由于方亭的尺度较大，又设在高台的南侧，还是可以起到吸引视线的作用。仰视着看，方亭内的牌匾"绿畦亭"三字依稀可辨。（图4-7B）

图 4-7A 云松巢垂花门外观

图 4-7B 由山路上仰视绿畦亭

　　再往上走，当绕到方亭的东侧时，可以看到高台上矮墙的尽端和
在矮墙半围合的一栋三开间建筑"邵窝"。

因矮墙上没有设门，我就试着走进由"邵窝"和"绿畦亭"所构成的长方形院落，发现院落中有一条"L"形游廊将方亭和邵窝两栋建筑连接起来。另一条游廊在平台的南侧连接着方亭和云松巢建筑的一侧，并划分出"云松巢"东侧的一个小院。

总体上看，云松巢的院落方整，南侧和西侧的院门紧闭，显得很神秘。而位于平台上的邵窝则相对开敞一些，在"绿畦亭"和"邵窝"前面的台阶上都有较好的南侧视野，只是现在平台下方的东南和南侧的山坡下面树木繁茂，形成一种天然的围合感，已经很难看到远处的昆明湖和更远的"稻田"了。从现场看，可以验证云松巢和邵窝两组建筑可分可合，彼此起着相互对比和衬托的作用。

现在的"邵窝"好像是颐和园职工的一个休息室，门前摆着一辆清理树叶的手推车。有位老工人看我走进院子就从屋内出来上下打量了我几眼，看看我一把年纪就没说什么，转身又把门带上了。可见来这里的游人不多。终日可在"先皇"的安乐窝里休息，令人羡慕不已。（图4-7C）

当年乾隆皇帝很喜欢这组建筑，并留下记录他来访时的多首诗文。

其中，题《邵窝》的诗有十二首，既标注了这里的环境特点和建筑特点，也写出皇室的安乐是"安乐万方"而非"安乐一身"。试举两例：[2]

图 4-7C　邵窝外观

山阳就小凹，精舍得一区。

有如白泉上，康节之所居。

因以邵窝名，境似志则殊。

安乐一身彼，安乐万方予。

大小分既异，艰难宁同途。

佳名实未副，思艰惟日吁。

翠微山之阳，结构颇不多。

固以朴雅胜，名之曰邵窝。

抚树亦笼烟，俯水亦生波。

中宜注义经，轺元邑春和。

康节著妙诠，望洋叹若何。

　　位于云松巢和邵窝之间的方亭也称绿畦亭。在单檐亭里属于规模中等的亭子，大小与谐趣园内的知春亭、饮绿亭，霁清轩里的四方亭相类似，为每边三开间，外檐设 12 棵立柱，内部设 4 棵立柱，总体宽度为 6.5 米，中间一跨为 3.9 米，尺度上明显大于邵窝的 3.2 米的开间。从现场看，这个亭子的设置明显更有益于"园林点景"和山路上观赏，在平台上观赏则可以明显感觉尺度偏大。（图 4-7D）

　　古代匠师在处理建筑的尺度方面有许多值得借鉴的经验。在特殊环境中，为了适应不同环境和建筑的性格，建筑的整体构造也有大式和小式的不同做法，不仅平面上有"单层"和"多层"的柱网设置，屋顶形式也有庑殿、歇山、悬山以及单檐、重檐的区别。有些古亭为了加大亭子的面积和高度而增大其体量，采用"多层"的柱网和重檐的形式，以避免因单纯按比例放大亭子的局部构件尺寸而造成设计中粗笨的感觉。（图 4-8）

图 4-7D　由邵窝平台看绿畦亭

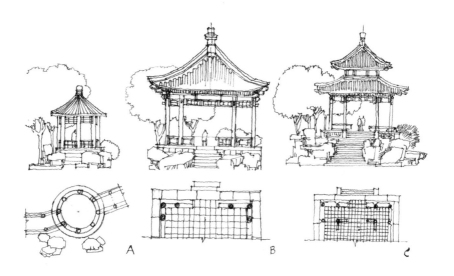

图4-8 古亭设计的几种尺度处理。从左至右依次为：小有天，谐趣园兰亭，知春亭。

乾隆很喜欢这个被刷以绿色立柱的亭子，留有六首以"绿畦亭"为题的诗，主要思想都是说明他如何从这里"眺望农田"，关心农业生产。

> 观稼因之筑小亭，春冰铺泽满畦町。
>
> 漫嫌绿意其中鲜，会看良苗熨眼青。

时光荏苒，只是现在从这里已经无法看到远处的农田，只能俯视附近三面山坡上的绿色松林。"邵窝"是引用北宋哲学家邵雍把自己的住所称为安乐窝的故事，把这栋半山上的三开间小屋比作乾隆自己的一处"安乐窝";而东侧的"云松巢"三字则希望人们联想到李白的诗句:"我将此地巢云松",表示这里是烟云和松风的巢穴,一个充满山野气息的地方。

因下雨,我就在"绿畦亭"中坐了一会儿,趁着雨水小时就在院子四周拍拍照。

从现场感受上,遐想乾隆很想把这里建成一个隐居之所,而又能眺望周围风景的地方,这个目标差不多也达到了。虽然,这里的位置也在前山山坡上,但它与去往"画中游"的山路或湖岸都还有一段缓冲距离,如果不是专门来探访这个地方,往往会把这里忽略掉。

"绿畦亭"是个敞亭,四周没有遮拦,湖面上的凉风顺着山间小路和树梢上方不停地吹过来,打在身上还是阵阵发凉。坐了一会儿,我只得起身离开。天气不好,云蒸霞蔚的场面也没看到,"松风"和"寒意"我倒是都体会到了。

后来又把在这里勾画的平面草图与古画《崇庆太后万寿庆典图》里的片段对比一下,发现清漪园时期,云松巢南端的垂花门直接落在山坡上,还没有修建前面的假山台阶;现在的踏跺跌落等石料为光绪年间重修时所加。[3] 此外,现在围合在"绿畦亭"和"邵窝"南侧和东南侧的斜墙当时并不存在。也许没有围墙更能表现出隐居者的坦然心理吧。

　　下午天气依然不好，但还有"画兴"，就在排云殿前的东北角画了一张水彩，近景是一棵姿态丰满的白皮松，远处有一段长廊和进出第二进的红漆大门；"不小心"又把正在游廊里测绘的两个同学画了进去，给画面增加了一些活力和现代气息。

　　晚饭后回宿舍小憩，后来一缕橘黄色的阳光透过西窗照到屋内，使不大的小屋多些明亮的色彩，推门来看，发现终于出太阳了，尽管此时已近黄昏时分。

　　看看离太阳落山还有一段时间，就拿着相机从新建宫门进园，一直走到知春亭所在的小岛上。在湖岸岩石上看到一个老妇人在用鱼竿钓鱼，看了一会发现她在钓湖里的螃蟹，一副很惬意的神态。

　　又信步走到"九道弯"上夕佳楼的西侧平台，欣赏此时昆明湖上的夕照景观。

　　此地距离乐寿堂一组建筑甚近，可以清楚地看到院落的前殿"水木自亲"，以及南侧的平台、上船码头，特别是平台上的高大的双柱灯杆和上部的镀金铜架，在阳光照耀下闪闪发光。其中，这个升起的竖线条与湖岸上汉白玉栏杆构成的横线条，前殿和院墙组成的横线形成一种构图上的对比，使人产生深刻的印象。

　　八点过后，路边的喇叭就开始播报"清园"通知，听广播知道文昌阁要在晚八点半关门，比之几年前又提前了半小时。

沿着东堤往回走时又在湖岸边的长椅上坐了一会儿，眺望了一会儿十七孔桥和南湖岛的剪影。

这两天听说，南湖岛上一个栏杆上的柱头被盗了，此事也是提早关闭园门（文昌阁大门）的原因之一。颐和园内的石质栏杆多以整块汉白玉分部件雕琢而成，有些还是清漪园时期的原物，也有三百余年的历史，具有一定的文物价值。但从立柱上想把一个"柱头"完整地切割下来并运走，需要电锯、电源等条件，绝不是一两人所能完成，应该是团伙作案所为。

近些年，随着国家经济形势的上升，收藏热兴起。在国人认识老物件价值的同时，也造成一些不法之徒的铤而走险，新闻报道中有关盗掘古墓和古建筑内构件的事情时有发生；过去一些笨重之物如大件石器、木器也都成了"可收藏物件"，一些所谓专家在电视节目中更是推波助澜，大肆"忽悠"这类东西的经济价值。

晚上躺在床上整理原来书稿，又找出有关乐寿堂的史料复习一番。

乐寿堂位于昆明湖南岸东边的起点上，与仁寿殿之间隔着玉澜堂一组建筑，当慈禧太后住在颐和园的时候，乐寿堂是她的寝宫，仁寿殿则是她向群臣发号旨意的办公场所，每当这一时期，光绪皇帝往往住在附近的玉澜堂，皇后住在玉澜堂后面的宜芸馆。（图4-9）

乐寿堂是一组前后两进院落、左右各带跨院的四合院式建筑群，

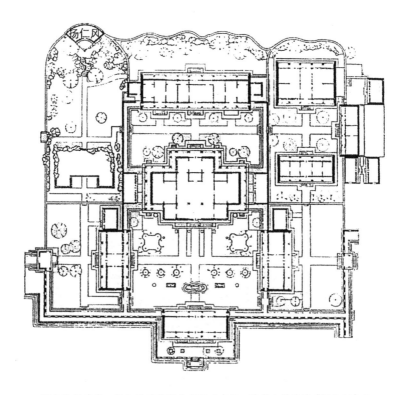

图 4-9 乐寿堂、扬仁风建筑群总平面（来源：清华大学编著《颐和园》）

正殿前后共有建筑15间，结构别致。东西配殿各5间，向西可达长廊，向东可通宜芸馆。（图4-9A、图4-9B）

乐寿堂的大门也称水木自亲殿，前面有御舟码头和两个"探海灯杆"。从南面平台上进入乐寿堂大门首先可以看到一座横卧的大石峰，名叫青芝岫，石色清润，体态秀丽，为乾隆年间遗物，实际上是明代大臣米万钟发现并遗弃在宛平城内的，后被乾隆发现并运至此处。（图4-9C）

当时，乐寿堂的正门"水木自亲"已经建成，门只有一米多宽，乾隆下令破门而入。据说，乾隆的母亲为这事还大为生气，说"既败米家，又破我门，其名不详。"但乾隆却喜爱备至，将此石命名为"青芝岫"，还留下"雨留飞瀑月流光"的诗句。（图 4-9D）

图 4-9A 水木自亲殿南侧外观

图 4-9B 乐寿堂南侧外观

图 4-9C 由院内看"水木自亲"和青芝岫

图 4-9D 明代遗石"青芝岫"

清漪园时期，乐寿堂的主殿是与现在平面略大的卷棚式建筑，其面阔七开间，朝南凸出五开间，朝北凸出三开间抱厦，内部两旁作成"仙楼"，楼下是书斋，楼上供佛像，整个建筑当时作为弘历的生母到大报恩延寿寺进香时休息使用。当慈禧太后重修颐和园时才在原址上改建成规模缩小的建筑作为自己的寝宫。

现在的建筑面阔七开间，向南有五开间抱厦，后出抱厦三间，进深四开间，平面呈十字形，面积达三百多平方米。其结构别致，面积大，内部被分成里外套间，形成功能齐全的居住性建筑。现在建筑内部还保留有大量的精美装修和家具。

乐寿堂正殿内摆放着紫檀木雕刻的宝座和御案，周围有玻璃镜围屏和孔雀羽毛掌扇，檐下挂有光绪手书"乐寿堂"匾。西套间为慈禧的卧室，东套间是其更衣室。

现在可以查到整修乐寿堂史料载，[4]慈禧太后十分关注自己在颐和园内的住处装修："海军衙门于二十九日钦奉懿旨：乐寿堂寝宫内北面头层落地罩，着撤去里层花罩，横眉上添安毗卢帽一座，其南北之栏杆罩等撤去，改安通长飞罩一槽，以中花正向门口。"（光绪十七年六月初九）毗卢帽是黄檗僧所用的帽子，在落地罩上添毗卢帽旨在取佛意。

另一份记录则涉及建筑的外檐装修和玻璃材料的使用。

"乐寿堂大玻璃三槽鼓儿板墙落矮，上安纱屉，西稍间后撤去大玻璃，改安腿罩，前檐现拆砌坎墙，支摘窗落矮。"（光绪八月二十五日）如果将乐寿堂和宜芸馆的建筑外檐加以对比，就可以发现乐寿堂外观上还保留着更多的传统做法，几乎看不到整块的大玻璃。

乐寿堂主殿中有前廊和后厦向南北两边突起，使大殿显得更加庄重，殿前摆放有慈禧时期遗留的仙鹤、梅花鹿等铜质摆件，前院中种植有慈禧太后喜欢的玉兰树、西府海棠和牡丹等花木。院内两侧有东、西配殿，均为面阔五开间的穿堂殿。乐寿堂前的走廊与各个殿前走廊构成环形走廊，面向南侧的墙上开有"什锦窗"。后院北侧有一排面阔九间的罩殿，当年收藏着慈禧太后所穿衣物和珍宝。（图4-10）

后院内还保留着清漪园时种植的玉兰、红松等树木。其中一株玉兰名为紫二乔玉兰，花瓣深紫，外深内浅，因比白玉兰稀有而十分珍贵，据说是皇家园林中仅存的一株。

在北京的皇家建筑中，被称作乐寿堂的建筑共有两处，另一处在故宫宁寿宫里。在兴建清漪园之后（乾隆三十六年），乾隆皇帝即发现，宋代的南宋皇帝，宋高宗赵构在晚年曾自号乐寿老人。为了表明心迹，在他写的《乐寿堂》诗中和后面的说明中都提及对偏安一隅的南宋皇帝的看法：

> 面水乐宗知，背山寿体仁。
>
> 无多岁月别，又是一年春。
>
> 流景云何速，韶光已向新。
>
> 建炎名偶似，希事不希人。

注为：乐寿堂题名已久，义实取祝厘。兹得董其昌论古帖真迹，册载宋高宗书有乐寿老人之称，是倦勤之后，托志取名，自无不可。近题淳化轩亦微寓其意，然所希于彼者唯此一节，而其人其政，实有不足希者。故并及之。

图 4-10 作者绘水墨画"玉兰小鸟"

联系到因玩石头而亡国的北宋皇帝赵佶，偏安一隅的赵构，乾隆每当在乐寿堂里看到对着前门的青芝岫赏石时，心情应该很复杂。

为了探究乾隆皇帝在乐寿堂院内赏玩这块"奇石"的心情，我又查找了乾隆为"青芝岫"写的一首"古风长诗"[5]。这首诗写于乾隆十六年，此时清漪园刚开始修建两年，"大报恩延寿寺"也刚开始动工。

> 我闻莫厘缥缈，乃在洞庭中。
>
> 湖山秀气之所钟，爱生奇石窈玲珑。
>
> 石宜实也而区虚，此理诚难穷。
>
> 谁云南北物性殊燥湿，此亦有之殆或过之无不及。
>
> ⋯⋯
>
> 友石不能至而此致之，力有不同事有偶。
>
> 知者乐兮仁者寿，皇山洞庭夫何有？
>
> —乾隆十六年—

这首诗的中部主体（省略）叙及了这块奇石的来历和特点，篇首则将这块北方奇石和产于洞庭湖的太湖石加以比对，认为南北方的奇石虽然有所不同，而这块"青芝岫"则更胜一筹。作者在篇尾总结说：因为过于喜欢太湖石而又不能常去江南游览，只好把这份情感寄托在与太湖石类似的"青芝岫"上。虽然现在还没有好的太湖石，但这里（清漪园）有了这块奇石，再加上浩淼的昆明湖，我也就不必常常记挂江南的洞庭湖了。

这首诗写的有情有理，在《乾隆御制诗》中属于上乘之作。由此也可以看出乾隆皇帝对此块奇石的喜爱。

注释：

（1）孙文起、刘若晏、瞿晓菊、姚天新编著．《乾隆皇帝咏万寿山风景诗》．北京出版社，1992 年 8 月第 1 版：P95．

（2）见光绪十九年七月至二十一年四月的《颐和园工程清单》．转引张龙．乾隆时期清漪园山水格局分析及布局初探．天大硕士学位论文．2006 年．

（3）徐征．《样式雷与颐和园》．收录张宝章等编．《建筑世家样式雷》．北京出版社，2003 年 6 月第 1 版：P115．

（4）张宝章、雷章宝、张威编．《建筑世家样式雷》．北京出版社，2003 年 6 月第 1 版：p115．

（5）孙文起、刘若晏、瞿晓菊、姚天新编著．《乾隆皇帝咏万寿山风景诗》．北京出版社，1992 年 8 月第 1 版：P140．

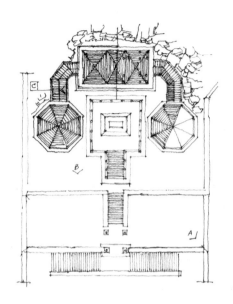

五、远观其势，近取其质：
转轮藏建筑群、写秋轩一瞥

2013 年 7 月 11 日，
星期四，
阴转晴。

晨起后发现天气并不像想象的那样好，雨虽然不下了，但天空也未完全放晴，依然看不到太阳。早上出门只好按会下雨的天气计划，穿上长裤和长袖衬衫。连续几天阴雨，颐和园内的湿气还是很重的。

吃早饭时，在食堂碰到小冯，他现在与其他两位女同学在转轮藏小组测量，问他上午何时过去并计划上午去他们那里看看，可能的话在那里画张画。

后来决定吃完饭几个人一起过去。

离开食堂前，又把这个情况通知给环艺系的几名女生，好让她们几人也去那里集合。现在转轮藏建筑群属于不开放景区，因我们测绘，附近的工作人员会定时给测绘的师生开大门，放我们进出。

当与小冯等沿着湖边小路走到排云门时，发现还未到八点半，几人在门外的游廊里等了一会儿。今天路上的游人不算多，可以很顺利地通过九道弯和乐寿堂前的平台，但排云门前广场上还是看到几拨人，正在听打旗的导游做介绍，也在等排云门开门放人。

一会儿，随众人一起进入大门，经过二宫门和东侧爬山廊上到德辉殿北侧的一块平地。

从这里右转是一段"尽端路"，南侧是给工作人员休息的三间顺山殿，北侧是由黄石堆砌的大片假山，东侧是围合转轮藏建筑群的围墙和开在围墙上的进出转轮藏的一个侧门。

待众人会齐后才请值班室里的管理员开门。数数聚集的人数共有十一人：研究生小龚、小冯组的三人，来这里玩的、测五方阁的两位女生，环艺系的四人（两男两女），另有两个环艺系的同学不知去向。

进侧门后，发现与这个西门相连的是一个东西走向的院子，顺着院落中央的一个直跑楼梯上到第二个平台，再折向一个沿墙设置的桥状楼梯，经过一个两柱"冲天牌楼"进入第二圈院墙所围合的院子，也就是第三层平台。喘口气，再经过中轴线上的楼梯上到主要建筑群所在平台。这里，有位于院落中央的"万寿山昆明湖碑"，围绕石碑的三栋建筑，联络建筑的两层游廊和一些假山叠石。（图5-1）

进转轮藏院落大门时曾看到小冯在管理员手中借了一串钥匙，其中既有打开上面几栋建筑的钥匙，也有打开牌楼门下方铁制栅栏门的钥匙。好像从进大门起后面需要打开两三道锁，可见现在管理之严。

到达昆明湖石碑下众人随即散开。

环艺系的几人各自找角度去画写生，有的在转轮藏的二层走廊里，有的要上到石碑的基座上方。后来发现，他们中有的同学已经不习惯于现场写生，而在现场改用数码相机拍照，回驻地后再加工这个"平面图像"；这次邀请他们几人参加测绘也有教学"改革"的味道，原来学院的古建筑测绘只有建筑系和规划系的同学参加，环艺系的同学

图 5-1 转轮藏景区的总体面貌（由佛香阁向下俯视）

会有单独的外出写生安排。这次如此安排（只带了几个人过来）是看看他们能否对古建测绘有所帮助，希望通过他们的写生来加深对古建筑的理解。

小龚、小冯等几人拿出测绘工具后在昆明湖石碑上下核对数据。

原来小冯他们把测绘用的水平尺、皮尺等工具都存放在西侧的转轮藏内，免得每天携带。放在这里也很安全，工作人员下班时，转轮藏等几栋建筑被要求"落锁"，小冯等再把开古建的钥匙还给值班员。

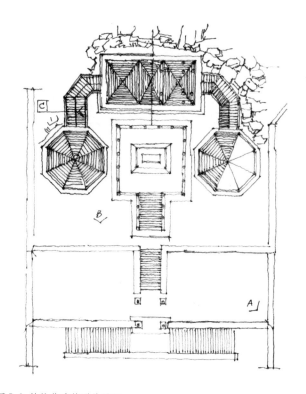

图 5-2 转轮藏建筑群总平面

　　实际上，排云殿与佛香阁这组建筑群原来已经测绘过，这次出发前已经根据分组把原来的测稿发给大家。同学们在现场更多的是核实原来的测稿，找出原来测绘时疏忽和遗漏的地方，更主要的目的也是加深同学们对古建筑的理解。与往年测绘相比，因为不需要钻进"天棚内部"测量，其劳动强度和危险性都大幅度降低。

　　为了画写生，我在西边转轮藏的南侧也就是上层平台的西南角找到一个视点，这里基本可以收下昆明湖石碑和下面的基座、台阶，还可以看到测绘同学的活动。（图 5-2）

因连续几日阴雨，平台上的地面很湿滑，有些地方还有积水，好在带着一个可折叠的画凳，可以隔绝一些地面上的湿气。老一代的水彩画家如李剑晨等都把画凳列为外出写生的必备工具，认为尽管有些负重，但可以不必受地面积水的影响而自由选择写生地点。现在看，老先生的话应该是根据实践经验总结出来的，讲得很实用。

待坐下后才发现没有带画水彩的水。

问同学后知道在排云门附近的管理员休息室可以接到自来水。

只好提着水桶又跑到山下一次。回来时，在顺山殿和转轮藏大门附近看到阿龙和几个研究生，有人手里拿着一本有关颐和园牌匾和对联的专集。后他们几人与我一起进院，随后他们就奔向昆明湖石碑，去研究和探讨碑身侧面与背面的文字去了。

在大门附近还发现几个工人在往转轮藏上层平台运送沙土，一问才知道他们在转轮阁北侧干活；需要在建筑后面的山石底部新砌筑一道砖质矮墙，试图阻挡顺着山石缝隙下来的雨水。据说，这种渗水是因为北侧山坡上的树木越长越大，其发达的根系破坏了原来石缝的粘接缝，才使得雨水顺着石缝往下流，有些雨水已经流到正殿的前廊里。

上午的水彩写生画得很顺利。尽管没有阳光，但因为连续几天的雨水，使得主景的白色汉白玉石碑和碑座如刚刚被水洗过一般，显得十分清爽，后面作为衬托的转轮阁（东侧）也显出琉璃瓦的本色。写生时，几个在这里测绘的同学正在石碑的基座上下工作，正好把这种活动也收进画面之中。没想到的是，近距离看四米左右高的基座画在画纸上显得更高，也许是有些仰视的缘故，在基座上下工作的同学如同一个个建筑画上的比例人，显得很小。

因为这组平台地处一个不对外开放的院子里，使里面的环境显得很安静。偶尔从南侧昆明湖上飘来一些音乐，也有一些小合唱的歌声从东侧院墙外传过来，时隐时现。

快吃午饭时，几人下到每天进门的西侧便门附近，小冯隔着门缝喊休息室里的工作人员开门。今天过来的女子很友好，她从西便门进来后又把我们几人带到东便门，告知我们从这里出去、顺着山坡走可以少走一些弯路。

出东门后是一条南北走向的小路，可以直接通向介寿堂的东南角和长廊，其中有一条山路与这条直路相连。我们就走了这条山路，可以避开长廊附近的大量游人。

这条位于万寿山半山上的小路过去很少走，从西到东需经过写秋轩建筑群，与写秋轩相邻的圆朗斋以及"意迟云在"亭等，当看到南侧的扇面亭和乐寿堂建筑群的屋顶时，景物开始变得更熟悉起来，后沿着永寿斋的东侧下山，再顺着宜芸馆与德和园之间的胡同来到玉澜堂南侧的柏树林。

写秋轩建筑群"藏在"一组黄石假山的后面，加之所在地坪比附近山路略高，不留意的话很可能忽略过去。在假山之间开有一条小路，人们顺着这条弯曲的小路就可以看到被山石掩映的一个重檐亭子：观生意亭，也可以进到由三栋主要建筑构成的一组建筑群。

这组黄石假山借着原有万寿山山势叠成，显得十分自然。有研究者评价：

"观生意黄石假山依真山开凿而成，叠石手法纯熟，颇有真山余脉的气势，是前山叠石佳作，没有后期北京叠山常见的烦琐、堆砌或大幅度挑飘等弊病。"[1]

当探查写秋轩的院子时，看到一些老年人聚集在写秋轩东西两侧的亭子里，或聚在一起闲聊，或在某人的指挥下唱歌；一起合唱的歌曲有《洪湖赤卫队之歌》《红梅花儿开》《莫斯科郊外的晚上》等。近几年，公园中经常看到这种老年人唱歌的场面，蔚为壮观，这些歌曲多是二十世纪五六十年代的流行歌曲；这些歌曲曾经伴随当年这群二十岁左右的年轻人走过一段青春岁月，一段激情燃烧的岁月。

只是现在他们都老了。

据说，即便是患有老年痴呆症的老人，他们也依然会记得年轻时他们所熟悉的歌曲和曲调。对没有患病的老人而言，熟人聚在一起说说笑笑，既可以减轻孤独感，也可以锻炼腹腔肌肉和肺活量，只要不干扰其他人，怎么看都是好事情。

下午又去转轮藏工作区，没再画画。

当去休息室请值班员开大门时，得知还有一次开门的机会，大概在下午三点半左右。

上到上层平台后发现还有两位同学在休息，一位环艺系的男生依着画夹在平台的东南角，一个女生躲在转轮阁里面。

沿着转轮藏西侧、设置在山石丛中的台阶旋转着上到连通三栋建筑的二层走廊，这段走廊呈凹形，其高度与昆明湖石碑的基座上皮相近。站在走廊上可以看到在下面无法体会到的视角和景观，也可以近距离地观察昆明湖石碑底座部分的浮雕图像。（图 5-3~ 图 5-5）

图 5-3 由第二层平台仰视转轮藏建筑群（视点 A）

图 5-4 西八角亭与万寿山昆明湖石碑之间（视点 B）　　图 5-5 在西八角亭连廊上东望正殿（视点 C）

　　底座束腰部分的浮雕图案由海龙王和仙女形象组成，四角部分是四个仙女，碑侧部分（短边）的中间是龙王，碑身部分（长边）是三位龙王，夹杂着两位仙女；底座的收边部分也有突出的浮雕，为一些海马、海兽、海水纹等图案。近距离观赏这些浮雕的感觉，都不是观看图纸或照片所能体会到的，所谓"远取其势，近取其质"，古人设计的确有比较周详的一套考虑。此外，这组石碑上的雕工代表了"乾隆工"的艺术水准，非其他地段清末时期补雕的图案可比。（图 5-6）

图 5-6 万寿山昆明湖石碑基座细部

下午阳光不强，躲在转轮阁南侧的外廊里把这几天的照片整理一遍，把昨天的日志补完。

工作时发现从西侧山石上下来一只白猫，听到我们弄出的响动又退了回去，也许它在想，这帮两条腿的"猴子"把"我"的领地都给霸占了，弄得"我"一副无家可归的模样。

在身后的檐廊下发现一只从巢里掉落下来的小麻雀，与几个同学一起给它喂水；快收工时发现其已能站立，设想明天也许会更好些。

但值班的管理员知道此事后却并不乐观，顺嘴说道：你们别折腾它了，一会放狗它也活不了。据说，晚上"清园"时会放出园里养的狼狗出来，避免有些地方人眼照看不到、清理不净。

也不知是什么人想出这种"清园"办法，也是无奈之举吧！

晚上的讨论会在三队小院的会议室里。

七点半会议室里面已经坐满了老师、研究生和同学。

大家基本围绕着房间中央的大会议桌而坐，还有一些同学坐在桌子的外围；几乎每个同学的手边都摆放着一台笔记本电脑，有些同学还在准备一会儿要汇报的演讲文件。北侧墙上挂着一张可折叠幕布，是我们在学校里事先准备好带来的。

在日程安排上，同学们已知道这次需要汇报的内容：主要讲讲对测绘对象的感性认识，其中包括四张以上的现场照片，少量测稿以及一些简短的描述性语言。

原定每人讲五分钟左右，讲着讲着时间就有点"失控"，结果每人都讲了十分钟左右。

看看手表，从七点四十讲到九点十分大概只讲了十个人，趁着汇报间隙，告知阿龙我得在九点半以前回去，这是我与驻地小院看门人一起商定的时间。

"退场"前由我对这五天的工作和刚才同学的汇报谈了一点个人感想，大致涉及了四个方面：

（一）对同学们汇报的肯定。

现在的测绘条件确实在改善，汇报形式也开始与时俱进了。同学们演讲文件中用的照片都是数码照片，无论是相机拍的还是手机拍的，可以很快地"编进"计算机内的文件里，这在过去是难以想象的。过去古建筑测绘时，系里（指天大建筑系）会专门安排有两位或一位摄影师随行，一位管摄影照片和洗印照片，一位掌管录像机录像。那时拍摄照片用的都是胶片相机，拍完一卷得等待冲洗后才能看到结果，不可能像现在这么快就看到结果并加以引用。

（二）与以往测绘对比，这次测绘的危险性较小。

古建筑测绘的难点是上屋顶和钻"顶棚"，以便于了解屋盖里面的结构、画出正确的建筑物剖面。由于古建筑屋面或因下雨而湿滑或因长时间光照而导热，在屋面上活动有一定的风险性；而钻"顶棚"又脏又臭，特别是许久没有维修的顶棚内会有各种蝙蝠和毒虫。

这次测绘实际上是一次比较深入的认识实习，有以往学长们已完成的测绘图为基础，所以，不仅测绘工作的强度有所减弱，而且减少了许多危险性。

大家往家里打电话时尽可以让父母知道这种情况，让他们少些牵挂。

（三）这次测绘是让大家熟悉测绘过程、体会古建筑的奥妙。

比较往年的颐和园测绘，这次的测绘任务不重。这次来颐和园测绘，有如部队里让新兵熟悉步枪的使用，只是让大家"拆枪"和"装枪"，但不是让大家"造枪"。"拆枪"和"装枪"目的是让大家了解枪的构造，大家参照着"以前学长们的测绘图"搞"测绘"，从教学的角度、深入认识古建筑的角度，其意义更大一些。

（四）给大家推荐几本书。

今天的汇报内容之一是让大家谈谈对所测绘对象的体会，包括每个测绘组对本组古建筑的简单描述。最近，我看到中国青年出版社出版的有关梁思成和梁启超的五本书（夫人同学所赠），[2]其中大部分是林洙编辑或整理的梁思成文稿，有些内容（如书信）是首次公开。

其中有几篇是梁思成和林徽因写于二十世纪三十年代的调查报告，这些调查报告写的有景、有情、有故事，如"蓟县独乐寺山门考""河北正定考察纪略"等，建议大家找来看看，可以作为古建筑调查报告的"范文"来读，从中可以了解古建筑考察报告的写法，体会当年调查古建筑的艰辛。

讲完后，利用后面将要做报告的同学往计算机里传文件的间隙与阿龙告辞，离开三队会议室往新建宫门的驻地走。

待走到驻地大门时已过九点半，试着推门发现大铁门已经被反锁了，只好隔着铁门喊了几声"高师傅开门"；因老人往往在小屋里看电视听不到外面的声音，喊了两遍才把他叫出来。

打扰别人休息总有点不好意思，看到老人披着衣服出来，我就把我们刚才"在会议室开会的情况"向他解释了几句。老人听我说客气话就回应道："多晚回来都行，只是别太晚了。"

回到宿舍，一时也睡不着，就找出笔记本整理今天的日志，其间又想起一本刚才在会议室总结时未曾提及的、美国人费慰梅写的《梁思成与林徽因———一对探索中国建筑史的伴侣》一书。

费慰梅与其丈夫费正清（著名汉学家）与梁思成夫妇结识于1932年，此后他们两家的交往和友谊一直持续了几十年，直到费慰梅的晚年二十世纪九十年代。在这本书的正文中，作者所记录和回忆的亲身经历（故事）写到1972年，也就是梁思成去世的那一年，但很明显最后的记述多采信于梁的第二个妻子林洙的回忆。书中一些比较精彩的段落来自第12章，题目为《在山西的联合考察》，记录了梁、费两家一起在山西考察古建筑的经历。

在"作者后话"中，费慰梅详述了她如何通过各种关系找寻梁思成当年留在美国的一份遗稿的故事。这份遗稿（《图像中国建筑史》中的线稿与照片）曾在1957年按梁思成的"来信"[3]从费慰梅手中寄到英国的一位中国留学生，希望"再通过英中之间的邮递转给他"。[4]

未承想，这位留学生并未把东西按约定转给梁思成，直到1978年费慰梅才知道实情：梁思成至1972年去世也未收到这个"遗稿"，并误以为是她不愿意退还这部分图稿和照片[5]。以后，为了证明自己的清白，费女士又通过各种关系在英国和新加坡寻找到这位"刘小姐"，并最后促成这部分"遗稿"在 1980 年转到林洙的手上，期间过去了整整 23 年。

这部分遗稿（包括图稿和照片）后来成为 1984 年在美国麻省理工学院出版社出版的《图像中国建筑史》的重要组成部分。按林洙后来的回忆："《图像中国建筑史》的出版更是感人，费慰梅为此书在美国的出版，付出了极大的努力。并两次从波士顿飞到北京与我商讨出版事宜。"[6]

近年又从费正清写的一本回忆录《费正清中国回忆录》[7]中了解到，费氏夫妇曾于 1972 年 5 月在尼克松总统访华三个月后访华，到北京后曾见到原来在中国结识的一些老朋友，如费孝通等人。只是这时梁思成已于同年的 1 月 9 日去世，致使在 1972 年 2 月中美关系出现改善的转机后，费氏夫妇没能再见到梁思成，甚至也没能见到梁思成、林徽因的儿子。

近年，在网上看到一张梁氏夫妇与费氏夫妇一起在颐和园（照片里称夏宫）里划船时的照片，与其他同类的合影不同，照片中林徽因带着一个微笑的、五六岁的小女孩（估计是梁、林夫妇的女儿），照片背景为一座长满树木的小岛，很像颐和园里的南湖岛。从女孩的年龄推测拍照的时间在二十世纪三十年代前期。

我总感觉，1972 年是一个重要转折点，这一年的 1 月 6 日，陈毅元帅在北京去世，1 月 10 日中共中央拟在八宝山举行陈毅同志追悼会；追悼会因毛泽东主席的突然参加陡然提高"政治规格"，也暗示了后来给一大批被打倒的老干部平反，和重新启用大批老干部的信息，也为 1973 年 4 月邓小平在被打倒后的正式复出埋下了伏笔。

1972 年 2 月 21 日，受"毛泽东主席的邀请"，美国总统尼克松正式访华。在当时中美之间尚未建交情况下，"美帝国主义的头子来到北京"标志着中国外交政策的改变和国际环境的微妙变化。

注释：

（1）王劲韬著.《中国皇家园林叠山理论与技法》.中国建工出版社，2011 年 1 月第 1 版：P300.

（2）提到的几本与建筑有关的书分别为：

梁思成著、林洙编.《梁》.中国青年出版社，2013 年 1 月第 1 版.

梁思成著.《佛像的历史》.中国青年出版社，2010 年 6 月第 1 版.

梁思成著.《大拙至美：梁思成最美的文字建筑》.中国青年出版社，2007 年 11 月第 1 版.

林洙著.《梁思成、林徽因与我》.中国青年出版社，2011 年 1 月第 1 版。

梁启超、董林洙编.《梁启超家书》.中国青年出版社，2009 年 8 月第 1 版.

（3）现在（美）费慰梅所著《梁思成与林徽因——一对探索中国建筑史的伴侣》有两个中译本，这里采信的是曲莹璞、关超等的译本.

（4）（美）费慰梅著，曲莹璞、关超等译.《梁思成与林徽因——一对探索中国建筑史的伴侣》.中国文联出版公司，1997 年 9 月第 1 版：P229-233.

（5）（美）费慰梅著，曲莹璞、关超等译.《梁思成与林徽因——一对探索中国建筑史的伴侣》.中国文联出版公司，1997 年 9 月第 1 版：P230.

（6）林洙著.《梁思成、林徽因与我》.中国青年出版社，2011 年 1 月第 1 版：P442.

（7）（美）费正清著.《费正清中国回忆录》.中信出版社，2013 年 8 月第 1 版.

六、两处山地建筑群：
写秋轩与转轮藏

2013 年 7 月 12 日，
星期五，
晴。

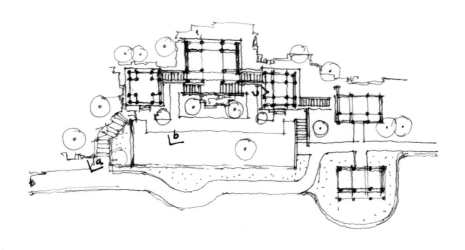

昨晚从会议室回来后睡的较早。

新建宫门附近的临时驻地里没有电视、电脑，我的手机至今也没搞QQ等内容。考虑到测绘小组之间联系方便，阿龙等建了一个"颐和园测绘群"，让他加了我夫人一个QQ号，这样如果有哪些重要的情况也好通知我，后来听说群里除了一些开会与集合类通知，多是些"逗趣""开玩笑"的内容，实质性的内容并不多。

今天是个大晴天，六点多就起来。洗漱完之后，就带着相机和挎包出门。昨天已经把画凳和水彩颜料等画水彩的工具都存在了转轮阁，减去了一些每天需要背着的"负重"。

看距离吃早饭还有一段时间，就没走每天去食堂的路线，改由从"新建宫门"进园，然后再沿着东堤由南向北移动，可以看看清晨的昆明湖和远处玉泉山一带的风光。

此时，大批游人还未进园。

颐和园里多是些拿着年票的北京市民，这些人或沿着东堤跑步，或在湖畔做些简单的健身动作，还有很少的京剧票友在"喊嗓"，对着湖面发出"啊、啊"或"咦、咦"的长音，据懂养生的人讲：即使不为了唱戏，每天清晨的这种"喊嗓"也可以"吐故纳新"，对锻炼人体的心肺功能极有益处。

由于湖水的反射与折射，使得东堤一带的景物明亮很多，像我这种不经常早晨进园的人，眼睛还真是有些不适应。

也许是出太阳的缘故，见到一只白猫悠然地沿着东侧的花坛"与我同向而行"。猫儿是有领地感的动物，往往是白天睡觉，夜里则出来巡视"领地"或"约会朋友"，即使是家养的"宠物"猫实际上也有这个习性，只不过家里的"领地"小一点罢了。这只低头行走的猫也许是想出来晒晒太阳，也许是夜里玩累了正想着往三队的小院走。

上次来测绘曾发现那里有好几群猫，是几群"猫儿"的家。

当我停下来与它打招呼时，这家伙只是停下来看看我，发现不"认识"我还是继续"赶路"，后来看到路上的行人渐多就跳到绿篱的另一边，不见了踪影。

也许是遗传或是从小家里养猫的缘故，我对这种生灵有种天生的喜爱。猫儿也许能"感知"到这种情感，在我面前往往表现得也很放松，多有几分亲近感。在外地做"田野"调查时，所碰到的野猫、家猫多会过来"打个招呼"，围着我"喵喵"几声，更有甚者就过来用头来蹭我的手臂，或躺下来让我给它"抓痒"。

为了不与早晨进园的游人挤成一团，也为了仔细地观察一番昨天经过的写秋轩，早饭后就走玉澜堂东侧的小路，然后从宜芸馆的北侧磴道上山，又沿着昨天的线路从东向西走了一遍。

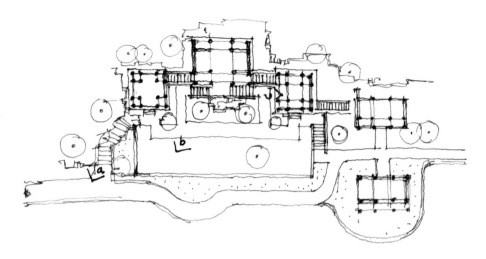

图 6-1 写秋轩建筑群平面示意

早晨山路上的行人不多。

除了设在路边的长椅和道路左侧的一些建筑屋顶，小路北侧则很少有建筑。

经过三开间的"意迟云在"亭后，再向西走不远就可以看到两栋小型卷棚顶建筑的山墙，山路正巧从两栋建筑之间通过。道路所经过的建筑叫"圆朗斋"，坐北朝南，面阔三间。与之相对应的、同样规格的建筑叫"瞰碧台"，得绕到建筑的南侧才能看到建筑的正面和有些斑驳的牌匾。

瞰碧台的前部有一块数米宽的平台，被一圈弧形矮墙围着，使这里显得很幽静。

从这里向南侧和东南眺望，由于南侧的树木已长得十分高大和戊密，已经看不到昆明湖的景色，从平台的东南角向下看，可以俯视下面的"无尽意轩"屋顶和建筑物西侧的一条山道。

123

清漪园时期，这两栋建筑与西侧的写秋轩归为一组建筑。(图6-1)

建成之初，南侧的树木还无法遮挡从瞰碧台南望的视线，应该是能够看到昆明湖的，所以在乾隆皇帝题写的"瞰碧台"六首诗中，其中两首提及当年的景色[1]：

> 瞰碧名因瞰碧林，千林未锁绿云深。
>
> 副名景亦来转眼，试看分阴与寸阴。
>
> ——乾隆五十二年——

> 背平林更面澄湖，好是崇台俯瞰娱。
>
> 一碧虽然恒入观，其间动静自相殊。
>
> ——乾隆五十九年——

如同会被忽视的"瞰碧台"建筑，构成写秋轩的主体建筑因为坐落在高于山道的高台上，也往往会被走在山道上的人所忽略。人们若想近距离地了解这组建筑，需要从高台的两侧经过一组直跑台阶或假山里的通道才能进入。

上面的院落和构成写秋轩的三栋建筑及连廊尽管有些破旧，但空间的围合感很好，特别是北侧建筑紧邻崖壁修建，形成一个十分幽静的外部环境。（图6-2）

图 6-2 写秋轩及两侧连廊（视点 B）

　　在院落的南侧观看这组呈对称布局的建筑群，尽管"观生意亭"和"寻云亭"的尺度略大，都使用了重檐屋顶和"筒中筒"的双层立柱结构，但由于设计时把三开间的写秋轩置于一个更高的平台上（3 米），形成了一个"品字形"结构和有层次的界面层次，景观效果并不单调。人们如果想走到写秋轩的前廊，既可以通过设在院落内的八字形台阶，也可以经过左右某个配亭再经过一段斜廊上下。欣赏周围景色的视线也由此发生变化，有"步移景异"的效果。（图 6-3）

　　站在寻云亭内由东向西观察，发现通往"写秋轩"高台上的八字形台阶几乎与寻云亭的东西向轴线重合，可以通过升起的直跑台阶看到"观生意亭"的二层檐口以上部分，右侧则是木质爬山廊和写秋轩的前廊。感到当年设计时即考虑到了三座建筑的紧密联系。（图 6-4）

125

图 6-3 由建筑群西南角看叠石和观生意亭（视点 A）

图 6-4 由寻云亭西望写秋轩和观生意亭（视点 C）

后来查到这组建筑的纵向剖面图，发现这块基地东西向较长，南北向较短，而且是两块不同高度的台地。设计时，建筑师有意把三个主体建筑紧凑地安排在台地附近，从而空出建筑群南侧的一块空地，营造出一种"疏密有致"的空间效果。（图6-5）

如果将颐和园里的一些单体建筑（亭子）进行比较，发现这里的寻云亭、观生意亭与云松巢里的绿畦亭、谐趣园里的知春亭相类似，平面上都是"双层"十二棵立柱，只是前者的屋顶使用了重檐结构，增大了建筑物的体量。在古亭设计中，推测古代匠师也是使用了某个标准单元或模块，然后根据实际环境在上面做"加减"体量的处理。

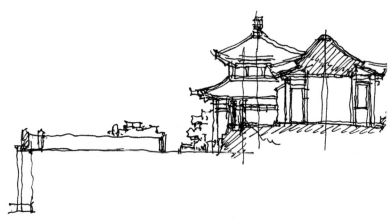

图 6-5 写秋轩建筑群纵剖面示意图

据有关史料记载："写秋轩、寻云亭、观生意一组建筑建在大报恩延寿寺以东的山腰上，东与园朗斋相接。慈禧重修时，将观生意轩改为亭，与寻云亭左右配与写秋轩。'观生意'意为观看万物的生机。"[2]

据说，清漪园时写秋轩四周种植着黄栌等红叶类树木和菊花等植物，是观赏秋日风景的地方。乾隆皇帝曾写有"赏秋""品秋"的御制诗[3]：

可知园盖本无私，玉露金风又一时。

仁者见仁智者智，写秋自是此轩宜。

—乾隆二十四年—

1860年，写秋轩被英法联军焚毁，光绪年间重建，并在院内摆放有盆栽桂花，高台墙外辟有"菊圃"。据称，慈禧太后驻园时，"院内有三四千盆菊花，种类在八九十种以上"[4]，当时，正是由于要在园内的主要建筑内部摆放这些花草，所以才有了光绪时期以"大雅斋"和"天地一家春"为款识的一批花盆遗存下来，成为代表那个时期的典型器物。

当我在院落中考察时，院落中游人不多。坐在"寻云亭"里的一位老人，一边看报纸一边不时向地面上撒些面包屑，引来附近的一些鸟儿来吃，气氛很是幽静、祥和。

调查完写秋轩附近的建筑，就从写秋轩以西的南北向山路上下来，绕过介寿堂前的南侧花架，绕道进入排云门。

上午九点前后，刚刚对外营业的排云殿一带还很安静，从下往上又拍了几张东侧爬山廊和从廊下观看西侧景观的照片。

待走到转轮藏东侧院墙的外面时，小冯他们几人已经到了；后来随他们几人一起进到里院。

今天阳光温暖，空气质量也好，沿着行走路线又把几层平台拍了一遍。

这组建筑连同西侧的五方阁是少量在 1860 年未被毁坏的建筑群，基本保留了乾隆时期建筑的主要特点：几层墙身都用虎皮石装饰，石块与石块之间用灰浆勾缝。平台上的栏杆以红色矮墙替代，这种矮墙顺着直跑楼梯延续下来，仅在端头附近换成汉白玉雕件。这些构成园林建筑、外部空间的建筑构件花费不多，却可以产生一种很有质感和色彩感的效果，一种粗中有细的"乾隆风格"。

前几日一直阴天，只能看到转轮阁里"轮藏"的大概轮廓。

今天上午在地面光线的折射下，"轮藏"的色彩和细节才变得清晰起来，让我有惊艳之感。（图 6-6）

总体上看，可以转动的"轮藏"主体部分是一个做工精细的、木

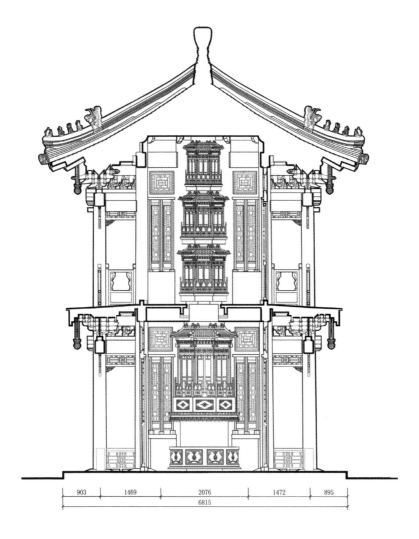

图 6-6 转轮藏西八角亭剖面图（来源：王其亨主编，张龙、张凤梧编著《颐和园》）

质六角形"亭式建筑"。从下往上依次为：圆形莲台，六边形"开光"木座。"亭身"部分分内外两层，外层为六棵立柱，上部的斗拱部分、柱间"楣子"和下部栏板，内层为带彩画的格扇门，每边两扇。

斗拱以上的屋顶部分因已超出平视范围而只能仰视。

与可转动部分相交接的是一片平整的彩画吊顶；在宝石蓝的背景下描绘有呈放射状展开的五彩祥云图案。

当以红色为主调的"转藏"沿着一个方向转动时，仿佛吊顶上的祥云也在转动；或是感到"木质亭子"未动，而头上的蓝天却在旋转，给人以一种很奇异的感觉。由于有"天旋地转"之感，还是赶紧出手让"转藏"停了下来。据说，现在"转藏"里的经书多已不见，下次来还是需先找本佛经读读，要"洗手浴身"、再谦恭一点才好。

转轮阁的外圈吊顶为梵文"六字真言"图案，看来是为保护阁内的"转藏"而设置的。

如果仅仅从以往的平面图上了解转轮藏这组建筑，会觉得"以昆明湖石碑"为中心组织周围的三栋建筑，设想其空间效果会相对简单。

现场的感受则与观看平面图的感受迥异，这组建筑群的群体组织还是相当丰富的。（图6-7）

近距离看，位于院落中心的、十余米高的"昆明湖石碑"尺度很

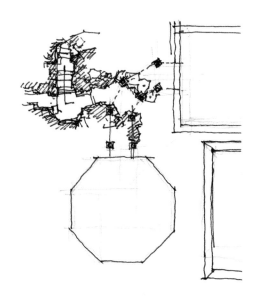

图 6-7 通往转轮藏二层的叠石假山及台阶平面

是惊人，站在附近的人体往往仅及其基座的一半。其设计时也许更多地考虑远观效果，昆明湖游船里的效果。比较有意思的是围绕着石碑的三栋建筑：

作为主体建筑的转轮藏实际上隐藏在白色石碑和石碑的基座后面，在石碑南侧是很难看清这栋建筑的完整立面的；倒是位于石碑东西两侧的"转轮阁"，其南端与石碑基座的南侧边缘接近，加之造型和颜色上的变化，无论在哪个方向取景，都是构成画面的一个重要建筑元素。

再有就是在两侧连接"转轮阁"与"转轮藏"之间的三折连廊以及点缀在建筑群周围的大量叠石。西侧连廊的六棵双层立柱就支撑在周边的叠石上，一条从一层地面至二层连廊的楼梯就隐藏在西北角的叠石丛中，从而形成一种建筑群与叠石相结合的局面，打破了因建筑物距离过小而产生的压抑感。

为了加深对这段空间的记忆，这次先在速写本上勾画了一下转轮阁、山石与转轮藏之间的平面，然后选在转轮阁与石碑西侧的间隙作画，主景就是连接两栋建筑的一段游廊以及前后的叠石。通过一段狭长的、甬道一般的空间，可以看到支撑游廊的几棵立柱，此时，两层游廊的多半部被石碑的阴影所遮挡，而透过这段相对通透的建筑构件，可以看到打在游廊后面树木与山石上的阳光，空间感很丰富。

这张画从十点左右开始动笔。

开始时还好，所坐的位置正好处于石碑基座的阴影之下；随着时间的流逝，光影也随之变化，一会儿阳光就直射到后背了。

夏天的阳光还真的很厉害，仅仅在太阳底下坐了一会儿后背就会有灼热感。

当把近处景物大概交待完，就把画凳向北移动一点，在阳光下画水彩，身体热点还好忍受，只是挤在水彩盒里的水彩颜料会很容易干掉，水彩笔上的水分也很难控制。还好，十一点过点，这张画的主体也就基本画完了。

下午赶到转轮藏角门时已近三点半，让在休息室内的工作人员出来开门；人出来后发现还认识，是前几天在"五方阁"值班的小伙子。

进院后，又找到上午坐着的位置把画面收拾一下，把二层游廊的檐口交接部位补了几笔。

补完后发现效果并不理想，主要还是受建筑固有色的吸引，而几条绿色横梁很容易与后面的树木相混淆，看着就不那么明确和痛快了。

最后只好把这张画放下，有时间再画一张吧！

晚饭时食堂的人不多，只有我们几十个学生和老师。

食堂里养着一群猫，一只大点的是"妈妈"，另外几个估计是它的"孩子"。

也许是看到此时人少，几只猫也往人多的地方凑。这时，学生里有不喜欢猫的就躲着它们。因为明天上午我和阿龙要检查一下几个环艺系同学的"成果"，趁着吃饭时间找他们交代一下；看到一个要找的女生老是"躲着"那只母猫，只好把母猫从对面座椅上抱起来，换到一个相对清净的座位上。放下时叮嘱它：不要再过来。

当去食堂窗口加饭时，发现"转轮藏"组的一个女生正逗着一只小猫玩，一会儿又把猫揽在怀里。看我过去看猫，就介绍说：这只猫是这群猫里最"萌"的一只。

这是一只黑白花的猫，很像徐悲鸿经常画过的那种，只是黑色更多些。

看她紧紧地抱着猫就"警告"说：这种猫不像家养猫会经常有人给它们洗澡，身上可能会有跳蚤！这时想起我在七年前三队院里的教训，被寄生在猫身上的小虫咬了很多"红疙瘩"，好多天都挂在腿上。

这个女生仰着头看着我，一脸"无所畏惧"的表情，一边用手摇晃着小猫的爪子，像是与我挥手告别。爱猫的人可以归为一堆，看她的眼神可见一斑。

晚上六点半师生依旧聚集在三队会议室。

议题有两个，一个是请一位刚刚跟着阿龙做毕业设计的五年级同学（实际已离校）过来讲他对"玉澜堂"一带的形式分析，其二，阿龙再重复一下测绘中的注意事项。

开会期间，历史所的小吴老师从城里过来。

今年还有一队同学在他的主持下测绘故宫北侧的"大高玄殿"，这次来是开车把一些测绘用的精密仪器送过来。他开的"大车"就停放在三队小院里。听他介绍，老王老师现在也与他们住在一起，正在

"参加"和"督导"大高玄殿的测绘。

散会后，阿龙要赶时间把小吴老师送回去。

与他俩告别后，独自一人顺着东墙外的小路往驻地走，路上可以嗅到荷花与荷叶散发的幽香。真的很奇怪，今年"九道弯"一带的荷花就没长起来，而这条与昆明湖和"二龙闸"相通的水道内花期却如此繁茂。

以往人们只是看到了"莲花"的"圣洁"和"不染凡尘"，却很少了解荷花的"清"和"幽"。

注释：

（1）孙文起、刘若晏、翟晓菊、姚天新编著.《乾隆皇帝咏万寿山风景诗》.北京出版社，1992 年 8 月第 1 版：P215-216.

（2）孙文起、刘若晏、翟晓菊、姚天新编著.《乾隆皇帝咏万寿山风景诗》.北京出版社，1992 年 8 月第 1 版：P219.

（3）孙文起、刘若晏、翟晓菊、姚天新编著.《乾隆皇帝咏万寿山风景诗》.北京出版社，1992 年 8 月第 1 版：P218.

（4）张泳梅.《充满女性特色的慈禧用瓷》.刊于《文物天地》.总第 189 期，P98—101 页.

七、湖边的"线性空间"：
长廊及里面的壁画，
转轮藏里的评图和写生

2013 年 7 月 13 日，
星期六，
多云转晴。

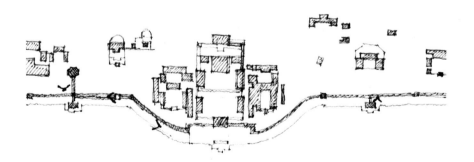

　　颐和园食堂的早餐不错，干粮有一角大饼配一个煮鸡蛋，副食可以在豆腐脑、豆浆或鸡蛋汤之间选择，小菜是他们自己腌制的咸菜丝；如果来的不够早，豆腐脑往往已经买完了。因我们吃的是包伙，没有问价钱。旁边的一个窗口可以供应啤酒和其他瓶装饮料，像可乐、雪碧等饮料每瓶要四、五元，比颐和园内每瓶卖八元还是便宜些，加之天热，每天被我们的学生买去不少。

　　来吃早餐的人也很多，除了我们这些实习人员，主体是在此工作的颐和园职工，还有一些是经常来颐和园休闲的老年人，夫妻两人往往结伴而来。

　　如果留心观察，人们对这种简单早饭的吃法也有多种：有的人会把煮鸡蛋的皮轻轻剥开，把咸菜丝夹进撕开的大饼里，一口饼、一口蛋地慢慢吃。还有人会把咸菜丝和剥好的鸡蛋一起夹进饼里，隔着面皮把鸡蛋压扁，然后大口咬下去，赶时间似的快速"结束战斗"。

　　一天，一个同伴告诉我：吃了几天早饭都没吃出原前来吃的味道，原来是把大饼和鸡蛋分开吃了；今天想起来要一起混着吃才好吃，一试味道果然就不一样。

　　看他如此大的发现和满足感，我也就如法试了一试，感觉并不如分开好吃。可见每个人以往留下的习惯会影响他对一件事物的判断，对食物更是这样。

天南地北，同样的几样食材，经过不同厨师的料理会产生不同的味道。同样的食材，怎么吃，跟谁吃，实际上所产生的效果和感觉也很不一样。

颐和园里沿着昆明湖北岸设置的长廊很长，有 700 多米。它东起邀月门，西止石丈亭，中间连接排云门。如果以排云门为中心来观察，其东侧长廊上建有留佳、寄澜两个重檐亭，其西侧建有秋水、清遥两个亭子，寓意着昆明湖里的春夏秋冬四季景观。

从颐和园的总图上看，昆明湖的北侧岸线已经被修建得相当规整和几何化，致使沿湖岸修建的长廊也只能相对规整。这里，除了在排云门附近的一段长廊呈弧形向南凸出外，其他两段长廊都相对平直。后来发现，平直的两段分别是从留佳亭到寄澜亭，以及秋水亭到清遥亭。应该说，长廊的修建既考虑到从昆明湖上观看前山的景观，也照顾到在长廊内的游览景观。（图 7-1）

从水面观景的角度考虑，由于万寿山的山形不好，加之建在万寿山山脚下的几组建筑比较分散和细碎，而线性长廊的修建（包括岸边的汉白玉栏杆）增强了岸线上部的统一感，如同设在山水之间的一条"项链"遮挡和统一了那些分散的建筑群。（图 7-2）

从沿湖景观带考虑，线性长廊起到了联系湖面和山脚建筑的作用。（图 7-3）在设计上，为了打破线性空间的单调感，上面提到的四个

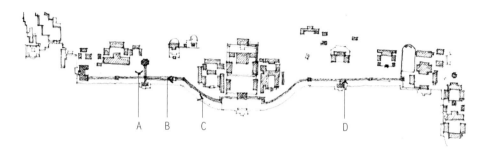

图 7-1 长廊及周边主要建筑群平面示意

图 7-2 从湖面得到的万寿山景观：长廊及栏杆起到山水之间的联系作用

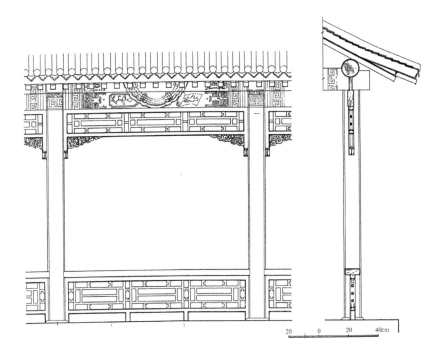

图 7-3 长廊一间的立面及剖面（来源：清华大学编《颐和园》）

重檐亭子起到了"空间节点"和营造空间效果的作用。当人们从 2.6 米左右高的廊道来到这些"空间节点"时，可以看到 3.7 米高的室内空间和内部的梁架结构，可以使人明显地感受到空间的变化和趣味性。（图 7-4~ 图 7-6）

图 7-4　由秋水亭东望景观（视点 B）

图 7-5　由西段湖岸看长廊、鱼藻轩和西山（视点 C）

　　在游览过程中，还可以看到探出湖面的两个单体建筑：对鸥舫和鱼藻轩，可以将行人视线引进山脚的"湖光山色共一楼"。（图7-6）如果进入鱼藻轩，则可以得到借景玉泉山的经典画面，进入对鸥舫可以得到眺望南湖岛的极佳视线。（图7-7）

图7-6 位于长廊北侧的"山色湖光共一楼"（视点A） 图7-7 透过对鸥舫看对岸的南湖岛（视点D）

这里，在长廊和岸边的空地上还种植有一些古柏，竖向的古树打破了长廊的横向单调感。

为了查找乾隆皇帝的一首题为《藕香榭》的诗，而对诗中后面的注解产生兴趣。

在这首"藕香榭"诗中，乾隆在第七句后面夹有一条小注："汤泉荷花较他处早一月，每岁四月杪即有簪瓶以进者。"[1] 后来读到高宗所写《清遥亭观昆明湖有会》的诗文，猜想"汤泉"当指颐和园里"西湖"（西堤以西）一带的水面。

因这一带水域距离玉泉山的河道较近，才有"汤泉"之说；当昆明湖的水面已经结冰时，这一块的水域受"暖泉"的影响依然"荡漾"。乾隆皇帝曾经很为自己的这一发现而高兴。

这首写于乾隆四十六年的《清遥亭观昆明湖有会》[2]一诗如下：

昆明万顷波，过誉涉虚言。

然而近京水，实无愈此宽。

迤东尚凝冰，迤西乃漾澜。

春晖一例煦，溶解何殊焉。

况东生物方，鱼沙应在先。

徘徊有所会，西为近玉泉。

泉暖冬弗冻，暖泉此受喧。

激波自应早，平易非奇端。

渤海润百里，故应长百川。

灵泉难涵海，数里胡不然。

斯亭名清遥，小坐对潆漩。

今岁乐水怡，契理因成篇。

—乾隆四十六年—

这首诗的第二层含义点明了从这里可以眺望到远处的玉泉山以及近处的昆明湖水面。

为了体验颐和园的冬景，特别是西堤六桥一带的景物，我曾经在去年的十二月份再次游览颐和园的西部，也就是从"柳桥""玉带桥"一直到东南角的"界湖桥"……在这次考察中，也有一个与"冰冻"有关的发现：当昆明湖的湖面还未结冻时，其他两个面积稍小的湖面"西湖"和"养水湖"已经结冰。

联想到这首《清遥亭观昆明湖有会》诗，不免心中存疑：是乾隆年间的京城冬季气温超冷？还是现在已经没有玉泉山的泉水流经至"西湖"一带？看来需要在"腊月"里再来一次，看看当昆明湖湖面被冻住以后再看看西堤"六桥"以西的湖面状态。

象征冬景的清遥亭位于听鹂馆大门的南侧。坐在这个八边形的重檐敞亭里，向西可以远眺玉泉山一带景物，向北可以看到听鹂馆的南门和附近的"湖光山色共一楼"。

有一年为了拍到一张听鹂馆的南侧照片，我曾踩在清遥亭的近处栏凳上拍照，当然先在脚下铺了一张旧报纸。当时发现听鹂馆的大门设在一个高台之上，在其南侧取景只能看到听鹂馆前面的台阶。

对于普通游客而言，保留在廊子上部的彩色壁画很有名，成为组团入园参观的一个旅游景点。经常可以看到手中拿着小黄旗的导游戴着扩音器在廊子里讲解，身边围着一群戴着同样帽子的游人，多顺着导游的讲解仰头寻找相应的彩画。

来颐和园很多次但不愿意在长廊里多停留，一方面，白天这里聚集的游人太多，再有就是各种声音混杂产生的"噪声"太大、太吵，有种能让人"疯掉"的感觉。应该说，来颐和园多次，但并没有时间和心情留意长廊里的廊间壁画。

吃完早饭赶到排云门附近时还是来早了，需要在门外长廊里等着工作人员开大门。

借着这段游人不多的工夫，起身把排云门东侧的一段壁画浏览了一下。

与使用在排云殿里几组建筑上的"殿式彩画"不同，长廊里的彩画采用了"苏式彩画"，比起"殿式彩画"，后者的形式和内容更加活泼。

"苏式彩画"无固定的构图，画面全凭画工发挥，面对同一题材亦可创作出不同的画面。目前保留在长廊里的彩画已经是伴随长廊的历次维修而重绘，很多题材和内容还保留着清末民初的样貌。

清漪园时期，乾隆皇帝曾派如意馆画师到杭州西湖写生，然后再把这些画稿改绘到长廊273间的长廊枋上，给这座北方园林建筑点染上江南的风韵。现在长廊上的彩绘约八千幅，除了西湖风景外，还有人物故事和翎羽花卉等题材。其中，在几个重檐亭中多绘制大型古装人物画，以利于更多的人观赏。

在排云门附近发现了几幅有代表性的长廊绘画。其中之一是描写古典名著《水浒传》里的一段故事"鲁智深倒拔垂杨柳"，画面采用先勾线再加彩的方法，画面中人物和景物众多，使画面显得很饱满，只要读过这本小说的人都能看懂画面内容。（图7-8）

细读《水浒传》可以看出，在《水浒传》的众多人物中，鲁智深是深受作者偏爱的，属于一个"率性而为"，而又"粗中有细"的汉子，也是我比较欣赏的一个人。

图 7-8 长廊里的彩画：鲁智深倒拔垂杨柳

这里，既有以"提辖身份"出场时，三拳打死"镇关西"，明知此人已被打死，为了自己脱身，还对围观的众人说"这厮装死"等言语，显出"粗中有细"的行事风格。

鲁智深被"剃度"以后的"吃狗肉"和"醉打山门"，到东京后的"倒拔垂杨柳"和"结识林冲"，直到"大闹野猪林"和"营救林冲"，都是当时一个草莽人物的"真性情""真汉子"所为。

据书中描写，在对待"招安""洗白"等问题，这位"莽汉"却有着自己的独到见解：

在小说的第七十一回，面对是否接受朝廷招安，小说里写道：

"——（宋江）便叫武松：兄弟，你也是个晓事的人，我主张招安，要改邪归正，为国家臣子，如何便冷了众人的心？"

"鲁智深便道：只今满朝文武，多是奸邪，蒙蔽圣聪，就比俺的直裰染做皂了，洗杀怎得干净？招安不济事，便拜辞了，明日一个个各自寻趁罢。"[3]

作者在这里没有表述刚才大叫"今日也要招安，明日也要招安，冷了弟兄们的心"的武松如何回答，而是十分巧妙地换成鲁智深作答，表明梁山兄弟中并非一人反对招安。鲁"提辖"的意思是说，我们一帮绿林人士在朝廷官员（包括皇帝）眼中，就好比我穿的大领僧袍，已经被皂角染成黑色，你再怎样洗也是洗不白的；招安不管事，还不如兄弟们相互拜别，然后各自寻找出路吧！

依照施耐庵著《水浒全传》的交代，当梁山弟兄受了招安以后，代朝廷征辽，打田虎和征方腊之后，还是落个各奔东西；这时，不仅108位弟兄在征战中死伤过半，而且仅存的、受了朝廷封赏的几人又没有一人有好结果的：卢俊义、宋江被朝廷赐给的毒酒害死，讲"兄弟义气"的李逵被宋江招去"同饮"毒酒，而起因仅仅是宋江怕李逵再上梁山造反，"坏了他的名声"。

书中也交待了未受封赏就留在杭州的两个人：仅余一臂的武松在

杭州六和塔出家，鲁智深归隐灵隐寺，算是了悟名利后修成的"正果"。

成年以后再读《水浒传》总是对书中的人物结局唏嘘不已。

据史料介绍，虽然长廊里这些壁画的文物价值有限，但保留到今天也很不容易，二十世纪六十年代中就有两次差点被毁掉。

"60 年代初，长廊彩画被认作'四旧'强令涂去，园内老工人借口使用油漆涂盖费时，只用白粉覆盖，致后来易于复原。"

"1969 年 8 月 6 日晚周恩来总理来园时，有人提出改画二万五千里长征。周总理说：'你们画得好吗？连我这个亲历长征的人都画不好，不要改画吧！'"[4]

现在能欣赏到长廊壁画的人应该感谢为保护壁画付出智慧的老工人和周总理。

后来向颐和园的老工人核实这些传说，原来用白粉覆盖的壁画多限于人物画题材，彩画中的山水画和花鸟画犯忌讳的地方不多，被白粉覆盖的就少些。

很长一段时间，古建筑的走向总是充满变数和偶然性，这也是古建研究者们很不愿意看到的一个无奈状况。所以才有了梁思成感到"保护乏力"时的感慨："拆掉北京的一座城楼，就像割掉我的一块肉；扒掉北京的一段城墙，就像剥掉我的一层皮！……他已经有了无

望的感觉，但是，他还要去做最后的努力。明知不可为而为之，他的行为已经带上了强烈的悲剧色彩。"〔5〕

经过 1949 年前后的内战以及建国后的多次政治运动，虽然一些被标有国保、省保单位的古建筑还在，但原来那些相伴而生的，其内部的塑像、雕像和壁画却消失得无影无踪，有的仅能剩下壁画的一角。现在许多庙宇中的神像多是近几十年重塑的。

原定上午九点在转轮藏与环艺系的六位同学碰一碰，我俩老师检查一下他们这些天的工作进展。在等待排云门开启之前，看到他们几位也都到齐了，就临时决定一会儿随转轮藏小组一起过去，免得还得麻烦工作人员开门。

进到"昆明湖石碑"所在的底层平台后，选择在昨天画画的"甬道"里评图。这里，石碑底座的莲花纹饰上方的一个凹槽可以作为评图的"展台"，同学们把每天携带的画夹、画板贡献出来充当"展板"，由于每人画的画不超过五张，画面多在八开纸范围，正好够用。

这里的另一个好处是展台区背光，充当"听众"的师生则可以或站或坐在西侧"转轮阁"的外檐附近，两米多的距离正好把摆在基座上的画面看清楚。

环艺系的六个学生中有两位女生在帮忙转轮藏组的同学画建筑附近的配景，另两个女生带来一些这些天画的钢笔单线图，两个一年级男生，一位画了点颜色，展示了一张画了两天的建筑俯视图，主题是五方阁建筑群，感觉上还不习惯用水粉颜料画古建写生。另一位男生画了一些黑白线条画。他们才入环艺系一年，也无法对他们的画作做过高要求。

听完他们的介绍发现，展示出来的绘画有些是在现场画的，有些是回到宿舍再根据现场照片补画的，仅有两三位的"成果"稍好些。我和阿龙分别对他们的画作提些建议，共同的一点，要求他们以后几天都要到现场来画。

当同学们讲完，我又结合近期画的五张水彩讲了一些我画古建写生的体会。

待这个活动搞完已近十一点，散开的同学去找继续作画的对象，自己则把周围的建筑又观察一遍，看看有没有下午能继续作画的"题目"。

下午的阳光有些晃眼。

当从十七孔桥码头登上游船后这种感觉愈发强烈。

上船后只有几个靠南的座位还有空位。坐下后如果想眺望北侧的万寿山一带景物，视线就得从对面几人的空隙之间"穿"过去，很像从屋内向屋外眺望：阳光照在相对平静的湖面上会引起一系列光线的反射与折射，使得湖面的亮度更加强烈；这种折射又会形成一层雾状光晕，使得不远处的排云殿、佛香阁一带的景物变得很"梦幻"，如同"海市蜃楼"一般，最起码不如"多云"时清晰。

搞摄影的朋友总说，阳光太强烈时并不适合拍照。

水彩画则是需要光影的艺术。

有光影的画面一是容易出效果，色彩感比较丰富，其二是容易打动观众，容易使看画的人产生好心情。我以为，这也是这个"小画种"能被全世界大多数人所欣赏和接受的原因吧！（图7-9）

上午选定的一个"主题"位于西侧转轮阁与围合这组建筑的院墙之间，画面右侧是转轮阁的一小部分，画面中下部是一段若隐若现的红色院墙，穿插在两个建筑元素之间的则是从墙角蔓延开来的假山叠石与散落在叠石之间的花草。（图7-10）

位于红墙前面的几块黄色叠石很有画意，尽管不是空灵的南方太湖石，但棱角分明、高低错落有致，有种北方园林叠石的粗犷与豪放，搭配红绿相间的皇家建筑十分适宜。

待赶到转轮藏上层平台时，发现上午选定的"画面"因为阳光的作用层次更加分明，但我作画的位置却正处于太阳的直射之下，长时间站立都有困难。在这么强的阳光下画画估计调色盒里的颜料也会很

图 7-9 "万寿山昆明湖碑"水彩写生

快"干"掉。

为了解决这个"暴晒问题"，我又想起支撑雨伞画画的办法。先在附近找了几块砖垫起颜料盒，然后一只手撑雨伞遮阳，一手调色作画，只是画到画纸上的颜料干的很快，得多加清水才行。后悔没有带一只"保湿"的喷壶过来。

图 7-10　"西八角亭一角"水彩写生

　　转轮藏的院子距离去佛香阁的上升式台阶不远，也正处在一些游人的俯视范围内。一些好奇的游人会在休息平台上向这里眺望，当他们看到我在这里画画时，更增强了人们"窥视"的好奇心，会发出各种不同的议论。

　　能够辨识的是一个男孩的高音："妈妈，我们也去那里玩吧！"

这是第二次"撑雨伞"作画,画的还算顺利,用了一个小时左右。

快画完时,不知阿龙何时跑了过来,对着画面又议论几句、提了一些他的看法和建议。

原来他是来"视察"另一组同学的。这几个男生原来在城里测绘"大高玄殿",下午把一些激光仪从三队搬到这里,正在补测有关"昆明湖石碑"的一些数据;有的同学在古建周围立"靶点",另几个同学在操作激光仪和记数据。

近年,这种仪器测量已经被越来越多地应用于测量现场,也许以后会逐渐取代过去的"手工"测量。

所谓三维激光扫描技术,就是把激光从发射器投射到建筑物或扫描物体的表面,得到由上百万个点组成的空间点云。转换到电脑上可以形成建筑高度等很难用手工测量的数据,同时也可以对建筑物中的雕像、柱头等装饰性构件进行精确捕捉。现在看,用仪器在现场读取的数据还需要测量的同学回去后进行长时间的数据整理,而并不像人工测量、记数、画测稿那般方便,只是精度和准确度更高了。

下午进角门时,过来开门的"大姐"曾说过:四点半要下班关门一类的话。只是当时没太当回事。

快五点,与转轮藏小组的几人像往常一样收拾东西准备离开。问过几位用激光仪测量的同学，他们计划趁着天气好再干一会儿。

一会儿，也想从"角门"出去的阿龙折返回来说："隔着门，向值班室喊了半天也没人答应。不知道出了什么情况。"

这时，有人踩着红墙边上的石头往下看，发现值班室的门上已挂锁，说不定下午值班的"大姐"真的已经走了。想出去的几人看来是"走"不成了。

阿龙看此情况，就从刚刚画过的红墙边上先是踩着石头上墙，翻墙后又借着另一段假山"手脚并用"地下去了；过去后发短信给我：为安全起见还是耐心等待吧。看来这条"山路"并不好走。

在附近台阶上"等待消息"时，一个女生在用 ipad 玩游戏，一位女生用手机下载日本漫画书，然后慢慢阅读。我在基座上方勾画了一张以昆明湖石碑为主体的速写。

此时，前几天见过的白猫又出现了，开始时探头探脑地想上来，看到有人说话和走动就又跑远了。

几个同学可能在转轮藏多次看到过这只猫，一个同学就说："这只白猫经常在这里活动，见到我们又很不情愿地跑开，像是我们占了它的地方似的。"

正当几人等得不耐烦，小冯也打算学"阿龙"翻墙下去然后再找人开门时，听到围墙外有人扫地的声音。

试着问他是否能打开旁边的角门，当得到肯定答复后大家异常兴奋，如同遇到"大赦"一般。我们几人快步往下走，几乎是跑着经过下面的几组台阶，然后从角门急匆匆地走到围墙的西侧。

老人一边给我们开门一边问："里面还有人吗？"

接着他又补充说："五点半要下班闭园的。"

这时逗留在排云殿、佛香阁里的游人已经不多。大概下午五点，排云门处的工作人员会停止放人进来，现有的游人也是像我们一样准备出去的。

我们几人回到食堂不久，也就是刚刚打好饭，就看到用仪器测量"昆明湖石碑"的两名同学也回来了，背上背着测量用的激光仪。

一问才知道，排云殿景区内五点半要放狗"清园"，想多待会也不行。

这两位从转轮藏下来的男生借了两个饭盆去打饭，其中一位与颐和园测绘组的几位研究生都很熟，两个人打了饭就与还在吃饭的同学坐在一起闲聊。

几人吃完饭刚走，食堂里间"掌勺"的、理着板寸的"大师傅"

就过来找我们这边负责"管账"的研究生小吴，对她说："我们老板刚才注意到，今晚吃饭的人数有变化，人数得增加呀。"

小吴也很无奈，有种"有口难辩"之感。

注释：

（1）孙文起，刘若晏，翟晓菊，姚天新编著.《乾隆皇帝咏万寿山风景诗》.北京出版社，1992年8月第1版：P159.

（2）孙文起，刘若晏，翟晓菊，姚天新编著.《乾隆皇帝咏万寿山风景诗》.北京出版社，1992年8月第1版：P159.

（3）施耐庵著.《水浒全传》.上海古籍出版社，1983年4月：P883—884.

（4）刘若晏著.《颐和园》.国际文化出版公司出版，1996年10月第1版：P61.

（5）田茜、张学军等编著.《十个人的北京城》.华夏出版社，2003年9月第1版：P193—194.

八、北京园博会印象、佛香阁所在院落的尺度对比和楼上景观

2013 年 7 月 14 日，
星期日，
晴。

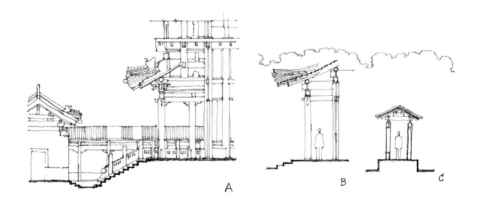

A   B   C

昨天阿龙曾说起，今天上午与城内"大高玄殿"组的几位老师一起去南郊参观北京园林博览会。八点多，我俩到"老王"他们所住的小旅馆。聚齐老王、小吴和阿凤几人后去附近小吃店吃了早点，然后才一起乘车去丰台区的"园博会展区"。

在停车场停好车，众人先参观位于"园博会"场地一侧的"中国园林博物馆"。

在这个新建的"博物馆"内主要看了"园林历史展"部分，以及将要"撤展"的"样式雷专题展"。听陪同的李馆长介绍："样式雷专题展展柜中展出的图纸都是花钱从国家图书馆复制的，只是复制费比较贵，每幅在五六千元。"尽管是复制品，展柜边上的服务员同样禁止游人拍照。

展厅内比较珍贵的，是摆在门厅首位的两张大幅卷轴画，画面内容为身穿清朝官服的男子肖像。据介绍，两幅画借自"北京首都博物馆"，画中人物是雷氏家族中的两位重要"人物"。展厅中，同样"借展"的还有一组红木材质的"游船"模型。据称，这种"游船"曾是颐和园等皇家御苑里的主要船型。

听说老王老师等曾对这个"样式雷专题展"帮过忙，博物馆李馆长对我们几人就很"客气"，看我们"偷拍"也就没有"出手制止"。

"园史历史展"部分印象较深的是一些收购来的"实物构件"，

如"汉唐瓦当""园林石雕、石刻"等小型构件。听李馆长说："近些年国人的文物意识提升得很快，一些博物馆已经很难像过去那样在民间'无偿'地征集展品，无偿地要求人们'捐赠'。一个可以操作的办法只能是申请专项经费后，再去'私人'手中购买……"实际上，对于一个新成立的大型博物馆，这种有目的地征集和成系列地展出，其社会意义还是十分巨大的，可以使国人更真切地了解我国的园林史，提高对我们这个文明古国的认同感。

参观完博物馆的室内部分，李馆长又安排了几个导游和电瓶车带着我们参观园区部分，相继看了北京馆、福建馆、浙江馆等展馆和展园。尽管各地方的园林展馆范围有限，但各地方政府所投入的人力、物力还是蛮大的，无论是结构梁架，建筑构件，还是园区内的植物配置，布置的都很精到。

只是在游览园区展馆时，天气已经从早晨的阴雨天变成了艳阳天，晃得人有些睁不开眼睛，走一个展馆就有些汗流浃背了。

中午园林博物馆李馆长在博物馆的四层食堂里请我们吃饭。招待的"客人"共九人，有大高玄殿测绘组来的七人，颐和园组的阿龙和我。席间主要听李馆长对园博馆的场地、活动结束以后展馆如何处理等问题的议论。

饭后与李馆长合影后众人随即散开。我与老王老师、小吴老师搭乘阿龙开的车往颐和园方向走，途中遇到一个地铁站把小吴"放下"，他计划再倒乘城里的地铁回到北海后门附近。

大概下午两点半左右，阿龙把我和老王老师送到新建宫门东侧广场，叮嘱我们休息一会后再去佛香阁下面碰面；下午和傍晚，老王都会在颐和园小组这边活动。

回到宿舍，看到老王有些累了，就安排他躺在靠东的一张床上休息；大概一个小时后又喊他起来，打水洗脸后两人都精神一点。

下午的阳光依然很足。

用临时出入证与老王老师从新建宫门进园，为了节省体力，又乘了一段游船，从十七孔桥至石舫。聊天中得知：他现在的血压也有些高，膝关节也有小问题，上下楼梯一多就有反应。看来他是有几年没来颐和园来了，不时地向我感叹现在园内的游人太多。

下船后，接到阿龙电话，询问我们所在位置。进到排云门后碰到来接应我们的阿龙，随后几人边说边聊地向山上佛香阁方向走，沿途阿龙开始向老王介绍这次测绘的具体情况。

途中遇到来颐和园游玩的一位女同事，与她们聊了几句在这里画写生的事。说完事发现他们两人已经走远。

上午在北京园林博物馆和园博会展园里跑了半天，身体已经处于

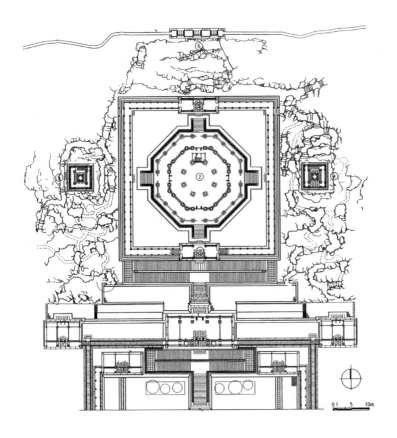

图8-1 佛香阁组群总平面图（来源：王其亨主编，张龙、张凤梧编著《颐和园》）

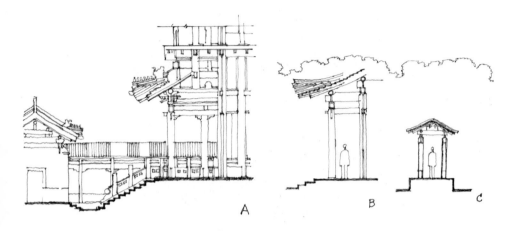

图 8-2 几种廊道尺度的对比，依次为：佛香阁底层外廊，知春亭外廊，佛香阁平台半面廊。

"疲惫"状态，爬佛香阁南侧的"大朝真蹬"时就表现出来，腿脚已经不像原来"爬楼梯"那般轻松、灵活。

四层的佛香阁位于一个人工形成的方形平台正中，靠平台四周建有一圈可以眺望附近风景的游廊。与南侧的入口方向相呼应，设计师在佛香阁的一层部位也建有一个门楼，上面悬挂一块写有"云外天香"的匾额，引导人们进去礼佛。（图 8-1）

建在佛香阁平台四周的游廊实际上是一圈半面廊，其面向内院的一侧相对通透，另一侧下边用墙封闭，上部设有可开启的隔扇窗，只是平时并不开启。在平台的南北两侧开有山门（三开间）。细数一下，每边的廊子有 19 间左右。

图 8-3 佛香阁四周的半面廊外观

　　为了衬托佛香阁的高大，这些廊子的尺度设计得偏小：廊子的宽度为 1.5 米，每开间的宽度和檐口高度在 2 米左右，屋顶高度接近 5 米，属于一种小尺度的廊道。在这种半廊里，横楣高度伸手可及，坐凳栏杆低矮，使人备感亲切。（图 8-2）

　　而庞大的佛香阁主体建筑被放置在一块高 1.75 米的台基之上，外圈柱廊的宽度 4 米，檐口高度在 5 米左右，几乎是半廊尺度的一倍。进入以半廊围合而成的内院，借助小尺度游廊的烘托，更突出了佛香阁底层外廊的高耸和宏阔，以尺度上的对比来取得动人心魄的视觉效果。[1] 后来看到一张从附近敷华亭里拍摄的佛香阁，高台上半廊的外部小尺度正好可以与佛香阁的外廊尺度产生比较强烈的对比。（图8-3）

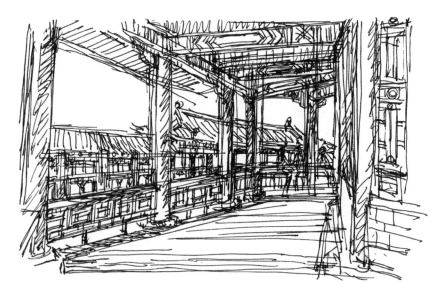

图 8-4 佛香阁西侧外廊内景观

　　站在佛香阁内檐下的人眼视线受到半廊屋顶的遮挡，实际上是看不到院落以外的景物的，却可以首先看到八角形平台四周的汉白玉栏板以及远处的游廊上部，心情和视线都受到一定的约束，可以屏蔽掉山下的嘈杂，使内心得到一定的升华。（图 8-4）

　　八边形的佛香阁在结构上与十七孔桥旁边的"廊如亭"相似，也使用了"筒中筒"结构，平面上有三层柱廊。底层的外层柱廊供人们转经和休息，外圈柱子支撑着佛香阁的最外圈柱廊挑檐。第二圈柱廊连接着建筑的维护结构，这些柱子从底层一直贯穿至第三层的一半，也就是外观上第三层挑檐结束的位置，但往往被人们所忽视，第二层结构是由 8 棵从基础直通顶层屋顶的立柱所支撑，也是整个结构中最核心的部位。（图 8-5）

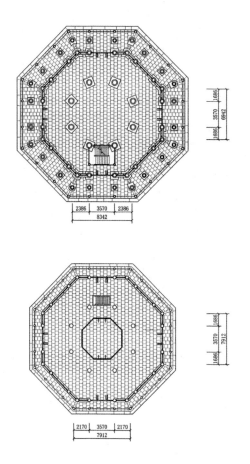

图 8-5 佛香阁二层及三层平面图（来源：王其亨主编，张龙、张凤梧编著《颐和园》）

从南门进入佛香阁的一层室内，可以感受到较强的宗教性气氛。

被八棵红色立柱所维护的中心部位是如同"塔心柱"的构件以及南侧的铜质千手观音像，铜像位于浅浮雕的八边形台座上方，台座四周有精细的木质栏杆。"塔心柱"的三面绘制有藏传佛教风格的壁画，背面悬挂着一幅"万寿山昆明湖记"的拓片。

　　室内的维护结构由上下两部分组成，一部分是可开启的窗扇、门扇，另一部分是相对固定的"贴落"。目前的"贴落"部分也画有"飞天""祥云"等题材的壁画，虽然绘制的时间不长，但还是具有相当高的绘制水平。

　　待我进到佛香阁一层大厅时，发现他们两人已经顺着室内的木楼梯上楼了。

　　现在，为了防止一般游客上楼发生意外或者别的原因，二层以上的部分不对游人开放。在室内一层"塔心柱"北侧找到了能上楼的木楼梯，只是楼梯前面还设有一道上锁的木门。

　　打电话后得知，我们实习人员上楼前需要与拿着钥匙的室内管理员沟通，让她打开木门后才能上去。在大门附近找到一个穿制服的中年女士，说明情况后让她打开木门上的铁锁。

　　佛香阁的结构外面看为四层，内部结构实际为三层，只不过第三层占据两层外檐空间，室内空间较高而已。（图 8-6）

　　史料称："乾隆十五年（1750 年）建大报恩延寿寺的时候，原打算在这里建一座 9 层的延寿塔，乾隆二十三年（1758 年）延寿塔建到第 8 层，却'遵旨停修'。延寿塔拆除后，在该址建木结构的'八方阁'，即后称佛香阁。"

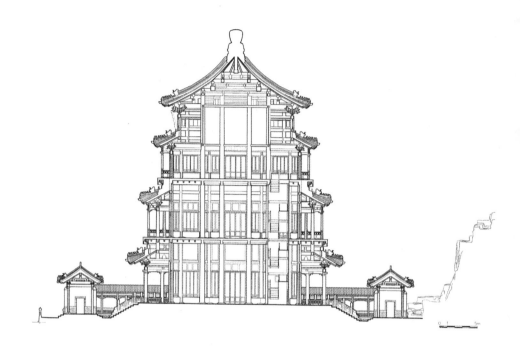

图 8-6 佛香阁组群总剖面图（来源：王其亨主编，张龙、张凤梧编著《颐和园》）

"咸丰十年（1860 年），佛香阁被英法联军烧毁，光绪年间重建。"

"佛香阁建在 21 米高的'塔城'上，8 面 3 层 4 重檐，高 41 米，内有 8 棵铁力木巨柱支撑。阁前有'小朝真蹬''大朝真蹬'，即倒八字和正八字的塔城蹬道。"[2]

顺着陡峭的木楼梯爬了两层，在三层室内才找到阿龙他们；楼内除了我们三人，还有两名在这里测绘的学生，还有一位"陪同"测绘的管理人员。

在佛香阁的二、三层，位于室内中央的"塔心柱"已经不见，使得八边形的室内空间显得很空旷，只有八棵大柱子贯穿上下，成为上下空间的联系纽带。在第三层，发现室内中央摆放着一组沙发和一块地毯，据说是某年中秋为了某位"大"领导的视察而准备的。

在两个楼层外侧都设有一圈外廊，来到外廊上可以尽情欣赏楼阁周围的壮丽景色。

由三层外廊向北望，可以看到山顶建筑"智慧海"的屋顶和其前面的"众香界"琉璃牌楼，因高度相近，几乎是在欣赏"牌楼"的正立面。如果视线下移就会发现，"众香界"牌楼位于环绕佛香阁建筑群的红墙边界上，不仅两栋建筑之间间隔着一段不小的距离，而且需经过一段设在假山上的山路才能到达，表达出一种从世俗世界到神仙世界的"过渡"。（图8-7）

沿着外圈走廊也可以俯视东侧的转轮藏建筑群和西侧的五方阁建筑群，只是需要避开附近的两个点景建筑的部分屋顶。作为佛香阁东西两侧的陪衬，东侧的敷华亭和西侧的撷秀亭都采用了双层屋顶和超出一般古亭建筑的尺度，并以下面的层层假山"托举起来"，这种处理主要是考虑了在昆明湖上观景的景观需要。

站在佛香阁的南侧平台上则可以俯视排云殿建筑群的屋顶和远处的昆明湖，因视野辽阔心胸为之一振。

老王老师对北侧的"众香界"牌楼很感兴趣，就想让阿龙去比对

图 8-7 由佛香阁内部看到的"众香界"牌楼及智慧海

图 8-8 佛香阁内部的主体结构：与核心柱联系的三条梁架

北海的琉璃牌楼和清东陵的琉璃牌楼，"看看形制上是否有一致的地方。"一会儿，又对室内沿南北轴线上铺砌的砖石产生兴趣，对室内满铺青砖如何与维护结构附近的地面石材交接观察许久。

在三层听完两个学生对测绘过程的汇报后，我们三人又到二层室内看了看。顺着老王的指点，又仰头观看他认为"有特点"的三条梁架交接，即从中央"心柱"一点所引出的三条梁架。（图8-8）

记得2006年测绘时没有测量这栋建筑，2007年佛香阁搭架维修时，建筑历史研究室的年轻老师曾组织研究生上来测绘过。这次测绘前给学生提供的测绘图纸基本上是那时的测绘成果。

当几人下到一层，在外圈檐廊休息时，老王又注意到附近汉白玉的望柱和栏板，特别是望柱上的祥云图案有深有浅，向我和阿龙解释说：图案较深的望柱应该是清漪园时期遗留下来的，较浅的柱头可能是慈禧重修颐和园时期补配的。想想也是，乾隆时期的木质佛香阁已经毁于1860年的劫难，而石质构件或琉璃构件就比较耐高温，不可能尽毁，如同刚才看到的"众香界"琉璃牌楼和后面的智慧海就属于"劫后余生"的产物。

陆陆续续上到佛香阁这层的游人也不少，看到老王的大声议论还以为发生了什么新鲜事，也挤过来看热闹；听了几句后，当发现几人是在端详柱头上的"图案"时又失望地慢慢散开。

研究生小吴找上来，向老王汇报其他琐事。

五点前后，当我们几人下山走到"二进门"的台阶时，发现大部分同学已经等候在排云门附近，等着老师们下来后大家好一起拍合影，看来他们早就接到了傍晚集合的通知。

合影的拍摄地点后来选在中间的石桥南侧，以佛香阁为背景拍照，因人数较多，排了三排才挤下，最前面的师生只好坐在地上。

有一段时期，出去拍照总喜欢找镜头里没人的时候拍，既不喜欢拍单独的人像，也不喜欢搞"自拍"。若干年后，当再次翻检这些照片的时候，往往感到当年所拍的建筑物，特别是古建筑的变化不大，但建筑附近的树木、人物的服饰、脸上的表情则有很大变化；因为自己很少在画面中出现，想找出一张当时的个人状态就很难。近年才慢慢改变这种习惯，找机会就多拍一点；数码相机的储存量很大，一两个小时往往就能拍摄七八十张的照片，相当于原来的 2 至 3 卷胶卷。

后来明白，人物才是一个时代最有说服力的"证明"。

许多时候，当时看起来意义不大的人像和人像合影，只有把时间的维度拉长，经过十年二十年后再去看时，其"记录历史"的意义才能够凸显出来。

颐和园食堂的晚餐是老北京炸酱面。

借了个饭盆与老王一同去打饭，然后几人围坐着一起边吃边聊。炸酱面的味道不错，只是酱料有点偏咸，一会又过去加了点面条。

几人饭后直接去了隔壁的三队小院。已经发通知给同学："晚上六点半，在三队会议室请王老师讲课。"

到点后，阿龙在电脑里找了两段老王老师以前讲过的 PPT 课件让他选，老王看后还是决定脱开稿子讲。讲课的内容主要集中在三个方面：

一、首先介绍了国内有关颐和园的相关研究，如清华大学周维权教授所著《中国古典园林史》，清华大学编著的《颐和园》大开本图书等。从二十世纪五十年代起，天大的卢绳教授就曾带领学生对颐和园和承德避暑山庄等皇家园林展开测绘，当时对颐和园的测绘主要是一些有代表性的小型"组团"，像画中游、扬仁风、谐趣园等。

二、二十世纪八十年代以前，学术界有关园林研究的出版物不多，比较有影响的如刘敦桢编写的《苏州古典园林》，童寯写的《江南园林志》等，但这几本书研究的是江南私家园林，而江南园林与北方园林区别很大，也不能代表整个的中国古典园林。天大这些年除了对颐和园的测绘，1985 年开始对北海（公园）进行了为期三年的测绘，后来又对西郊的圆明园和香山开展了测绘，对北京的皇家园林开展了系列测绘与研究。

三、最后又讲了一些测绘的意义。对（园林）甲方来说，测绘是十分重要的档案资料，为以后制订景区保护规划和实施古建复原打下基础。对于二年级的测绘同学来说，主要工作是"依样画葫芦"，有什么画什么。二年级的同学还比较"老实"，测绘时多能保证实物的真实性。比较而言，到三年级时有些同学会"偷懒"和"编数据"，有时的测绘结果会出问题，后来总结，还是把测绘环节放在二年级比较好。

总体来说，二年级的古建筑测绘实习往往是大学时最值得留恋的一段时光，一段有益的学习过程。

讲完课，几位老师又就学生们在测绘中遇到的一些困惑加以答疑，回答了同学们提出的四五个问题。

九点前散会，实际上阿龙做完总结后老王老师又想起某个话题还要继续讲，因我俩告知"散会后同学们还要去洗澡"才遗憾作罢。至此，今天的主要群体活动告一段落。

散会后，陪阿龙开车把老王老师送回城里，他在地安门内大街附近的临时驻地。

与老王老师告别后，看到天色不好，也未敢在城内多停留，就掉头又往回开；当走到车公庄大街时窗外开始下小雨，拐到西三环以后雨量开始变大，透过车窗看到的城市景物已经不那么清晰，外面的空气倒是可以感到清新很多。

在雨中的车里有一个小发现，当几辆汽车都减速挤在一段路段时，后面车灯的光亮会经过车窗把前面汽车的尾灯颜色反射在前窗玻璃上，把下落的雨水染成血红色，有点恐怖。

大概晚上十点多，我们回到颐和园新建宫门附近。

回到宿舍不久，雨点变得更加密实，打在铁皮屋顶上乒乓作响；想起刚才在汽车上听到的天气预报：今晚北京京西地区有大到暴雨，并将持续到明天白天。

注释：

（1）王其亨主编，张龙、张凤梧编著，《中国古建筑测绘大系·园林建筑·颐和园》，中国建筑工业出版社，2015年9月第1版．

（2）徐征．《样式雷与颐和园》．收入张宝章、雷章宝、张威编．《建筑世家样式雷》．北京出版社，2003年6月第1版：P122．

九、解密几张老照片：有关佛香阁的几次维修，基辛格的秘密游园，探访谐趣园的涵远堂

2013 年 7 月 15 日，
星期一，
雨。

185

昨晚的雨下了一夜，到早晨也没有要停的意思。尽管天色阴沉，但每天清晨，夜宿在附近杨树上的小鸟都会准时唧唧喳喳地鸣叫，十分守时。

设在小院中的水房和厕所都是公共性的，水房距离宿舍稍近些。水房里挂着一盏三十瓦的灯泡，但现在已经坏了，如果晚上来洗漱就得带着手电，像今天早晨这样的亮度也得带着手电才能看清里面的格局，避免摔跤。

打着雨伞去水房洗脸、刷牙，又带了半盆水回来。这样中午回来就不必再去打水了。

七点多赶到三队食堂时，发现每天常来的一些老年人多数没有来。想想也许是天气预报说要下雨、加之不好赶车的缘故吧。

在食堂里碰到的熟悉学生也没几个。问及一位曾在转轮藏测绘的女生，告诉我他们已经开始在三队会议室里画图，已经不必赶时间去吃早饭、然后再去测绘现场了。她自己吃完饭也会去会议室画图。

早饭后打着雨伞进园，同行的还有一位要去里面补拍照片的研究生。

进排云门后，我俩分手，他去半山上的五方阁，我则留在第一进院子里画画。看看这种阴暗的天气，加上从昆明湖里涌上来的雾气，建筑物的能见度很低。实际上，今天这种天气和亮度并不适合摄影。好在现在的数码相机都有相当的补光功能，也可能会拍出一些特殊效果的图片。这种天气实际上也不是画水彩写生的好时段。

在相机没有普及的二十世纪九十年代以前，普通游人到颐和园这种景区游玩，要想留影多数会利用景区内的摄影部拍照，程序为：付费、拍照、留下地址后离开。而摄影部里的工作人员隔几天会把冲印好的照片和底片按地址寄给收件人。

这种照片（特别是黑白片）有两个显著特点：一是在照片的下部会有"颐和园留念"以及"某某年某某月"的时间痕迹。其二，拍照的地点相对固定，以颐和园为例，那时候的摄影部主要集中在几个相对固定的地区，其中一个就位于进入排云门以后的第一个院落，近景是石桥及桥栏杆，背景则是半山上的佛香阁。在近些年兴起的老照片拍卖中，经常可以看到在这里拍摄的人像摄影。

保留在我旧影集的黑白照片中，就有几张二十世纪八十年代当学生时在颐和园的留影，尽管不是在排云门以北的院子中拍摄的，但背景也包含有万寿山、佛香阁的一片景区（否则怎么知道是在颐和园里拍的呢），但拍照的人却是一起来北京游玩的同学。二十世纪八十年代，做学生的多不富裕，没钱在颐和园里的摄影部里请那里的摄影师拍照。

外边的雨还在不紧不慢地下着。

看到雨水没有停下来的意思，就选了一处可以避雨的廊子安置作画的工具，实际位置在大门右侧的东南角，在一个服务员休息室附近。因画画的马扎被存放在转轮藏的亭子里，今天又无法去拿，只好到里面的服务员小院找到一块大些的"琉璃瓦"当画凳，颜料盒等可以摆在游廊的横梁上。

从这里可以得到一张远眺佛香阁的画面，中景是东侧的二宫门以及与宫门相接的一段游廊，近景有宫门前的一段台阶，以及台阶附近的汉白玉石墩摆件。

因有风，雨点就顺着风势飘进游廊里，有些雨点就很自然地打在画纸上，形成了一些很特殊的水迹。

画面先从下面的树丛画起，颜色画的较薄。因有大小不一的雨点打湿画纸，使得画面显得很湿润；仔细看，被雨点淋过的地方颜色显得较淡，像是使用了某种特殊技法（像撒盐法）。古人作画有"得江山之助"的说法，说的是作者作画时"有如神助"，似乎可以抓住自然山川的某些神采，作画时像得到"自然之手"帮助一般得到一些意外效果。这张画好像就可以验证这一说法。（图9-1）

当画到上部的佛香阁时，不由地想起曾经看过的一张老照片，一张佛香阁正在被维修的照片。

图 9-1 "雨中佛香阁" 水彩写生

目前，有关发生在光绪年间的、慈禧太后重建佛香阁的过程，留有大量的清宫档案，"尤其是给慈禧太后定期汇报工程进展的《工程清单》详细地记载了佛香阁重修的施工过程。"[1]

据现有工程清单记载，佛香阁重修工程自光绪十七年（1891年）开始，光绪二十一年（1895年）基本告竣，前后差不多花费了五年时间。

这座大型楼阁式建筑建好后距今已经过去了120年。在这以后的120年里佛香阁又经过了四次有记载的维修：

一、光绪二十九年（1903年）。经过八国联军的入侵，当光绪帝、慈禧太后从西安回銮后，曾组织工匠（北京恒茂木厂等）对佛香阁进行过一次小规模的整修。

二、1953—1954年，颐和园自行组织施工，对佛香阁进行了一次全面整修。工程包括：归安台阶石活，拨正倾斜六厘米的大木构架，头停挑顶，补齐瓦件，重新油饰彩画。

三、1988—1989年，佛香阁进行第二次全面修缮。工程包括：首层地面归安走闪石活，装铁锭加固，满墁新砖。墩接柱根糟朽的擎檐柱，并对全部柱根做防腐、防水处理。添配已经缺损的花活、椽条及铁活，重做油饰。修补屋面渗漏，添配琉璃瓦件。

四、2005年，佛香阁进行了建国后的第三次整修。工程包括：

按历史面貌恢复青砖地面。内檐彩画的除尘保护，包括重绘外檐彩画与和玺彩画，重做油饰。对宝顶的清洗、贴金。添配屋面缺失的琉璃瓦件。完善和提升安防、消防、避雷等附属设施。

联想到曾经看过的一张佛香阁老照片，当时的佛香阁正处于维修状态：一些支撑上部第二层屋顶的木杆还未拆除，而这些支杆的一端支撑在第三层的屋面上，另一端支撑在第二层平板枋的角部和中部，很像是建国初期"拨正倾斜木构架"时的状态。另一份颐和园史料还有这样的记载：

"自光绪三十四年（1908 年）后，佛香阁失修，1954 年由颐和园工人自己施工，进行全面彻底的整修和油饰。先由国营某建筑公司勘估设计，在佛香阁八面支搭向外伸出的脚手架，而颐和园架子工徐文魁利用佛香阁八面是窗，采用用杉槁穿入阁内，里外掏空而相结合的架子支搭法，缩短了工期，节省了工价，（由此）他被评为北京市劳动模范。" [2]

而正是经过一代代工匠和园林工作者的不懈努力，对这栋木结构建筑的定期维修保养，才使得今天的人们得以欣赏到这栋大型的楼阁式建筑。

近来还有一张以前没有看过的"解密"照片，是美国前国务卿基辛格在 1971 年 7 月第一次访华时拍摄的，地点在佛香阁平台上的南山门门洞里。照片中记录着基辛格经典的、外交性微笑。游园活动很可能是在基辛格将要离开时安排的，对于政治家而言，这种活动仅仅是放松精神的一次小插曲，在他的回忆录中并未提及。

在中美建交这个历史进程中，基辛格的"功绩"十分显著，也因为这个原因，他后来成为毛泽东主席、周恩来总理相当欣赏的"友人"。

在这次秘密行程中，基辛格7月9日晚到达北京，7月11日12时离开北京，共在北京停留了48个小时。1971年7月15日中美两国的新闻媒体发表"中美联合公告"，宣布美国总统尼克松将在1972年5月之前访问中国，由此开启中美两国由"敌对"到"相互了解和交往"的历史。

这幅"雨中佛香阁"的写生画得还算顺手，十点半左右就基本收拾完了。

这时发现背包里的手机不见了，有些着急。把刚才作画间的情景回忆一遍，觉得背包放在脚边，自己又是坐在琉璃瓦上作画，如果有人也蹲下来应该有印象，被他人"顺走"的可能性不大。

看我前前后后地找东西模样，一位在这里工作的"老大姐"就提醒说：是否会落在别的地方或忘了带出来？

想想也许是早晨出来匆忙而没有带出来，就决定先回宿舍找找。

因找东西着急就想早点赶回新建宫门。

早就发现还有一条水上路线可达十七孔桥附近，这条线路从排云门大门南侧的码头上船，至南湖岛涵虚堂北侧的码头下船，因为涵虚堂码头比十七孔桥的略远，每次从新建宫门进园后就近就等十七孔桥的游船，还没有走过这条水路。

登上这条线路的游船后，外面的雨还在下，只是没有心情像每天那般欣赏船舷两边的风景，拍的照片也较少。

当游船快要在南湖岛的北侧码头靠岸时，还是近距离地留意一下附近的南湖岛风景：从游船很远的位置就可以看到位于假山之上的涵虚堂以及北侧的桥型楼梯，特别是楼梯下部，上有圆拱形的门洞。这个有拱形门洞的地方被称作"岚翠间"，属于涵虚堂的基础部分。

从园林设计的角度看，南湖岛面向万寿山一侧的建筑尺度都比较大，无论是"岚翠间"附近的桥型楼梯，下面的拱形石洞，还是东侧的十七孔桥、廓如亭，其目的之一就是作为万寿山前山的对景，方便人们在长廊附近远眺。我在沿湖的"对鸥舫"中曾实地观察过，可以很清晰地看到南湖岛一带的景物。（图9-2）

下船之后，我又看了一下留在门洞顶部的横批和两侧的对联，笔迹是乾隆皇帝所书。

图 9-2 涵虚堂北面和岚翠间景观

石额横批为：岚翠间。对联为：刊岫展屏山云凝罨画，平湖环镜槛波漾空明。现在的门洞两侧设有两扇红漆大门，与它相对应的岸边设有一个旧时的小码头。

由于这个石洞大门常年紧闭就让民间产生出各种传说，其中最有名是"龙宫"[3]说。

无论是当初的清漪园还是后来重建的颐和园，在很长时间里这片区域都属于皇家禁苑，普通官员和百姓并没有机会进到里面，所以才会有传说中颐和园内建筑名称以及方位的错误，以及各种各样的传说。

实际情况应该是，"望蟾阁内有石阶地道直通其下出口岚翠间，

195

直达南湖岛北侧的码头，是御膳房送膳的通道。……当年湖面上往来如梭的膳船、点心船、酒船、茶船，行驶于东宫门御膳房与南湖岛之间。"(4)

回到宿舍，很快就发现了遗落在床上的手机，原来是手机压在了枕头下面，所谓虚惊一场。明天再见到"排云门"附近的老大姐，真得告诉她一声手机找到了，道声谢谢。

中午小憩时做了一梦。

梦到去某个江南小镇游玩，在旅店放下行李后天色已近傍晚；信步往某个商业街里走，不想街道内出奇的冷清，街道两旁的店面都已经上了木隔板，一副关店后的清冷模样，一些黄色灯光从小店的二楼漫射出来，只听到一些里边居民吃饭时锅碗的碰撞声。

待我走到街道尽头的山岗往回看时，这些街道和灯光又都消失了一般，山岗四周只是一些茂密的竹丛和参差的古树。

当我再试着从原路返回时，街道两侧突然亮起了各种形状的红灯笼，刚才的木隔板又被打开，露出店面里面的各种特色商品，小街又突显一种繁华的面貌。只是两边街道的尺度和店面高矮好像都发生了变化，街上走的"行人"和店面里外招呼生意的"店员"长得也均矮小、怪异，带着各种各样的帽子或头巾，动作却十分灵活。仔细听听他们说的话，也全然不懂；靠近一位"女店员"打量，发现她戴的平顶帽子很奇怪，帽子上面有两个洞，其头顶被帽子盖着而耳朵却从两个洞里冒出来，嘴角两边留有长长的胡须。

我意识到是来到了"猫国"，以前只在一些传奇小说里看到过。

想用手机拍照时发现手机不见了，包里的相机也好像刚才上山时遗失了。奇怪的是，这么繁华、热闹的街道上却见不到"人们"使用手机或相机拍照。

身不由己地去摸自己的上唇和嘴角，发现嘴角两边也有硬硬的东西正在往外长，惊出一身冷汗，随后才知道是做了一梦。

披着长袖衬衣起来，发现窗外的雨还在下，只是比上午小一些。

想着刚才的梦境，下午进园决定不带相机和手机，实际上也没什么人打电话找我，更没有什么"紧急军务"等着我去处理。以前已经告知比较熟悉的人：有事发短信联系，必回。据说，接听手机时产生的瞬间电流足以改变附近磁场，怪不得近年脑部长东西的人逐渐增多，相关的病例也时有所闻。

上午的雨至午后基本停了下来，但空气中的湿气依然很重。午休后决定不再去排云门、排云殿，而改去谐趣园一带，顺便放松一下心情。从上午的情况看，因为下雨等原因园内的游人不多，这也是我去探访谐趣园的另一个原因。

下午从新建宫门入园后，先沿着东堤走到仁寿殿北侧，向东拐个弯在国花台附近进入一条南北向的胡同；因里面种植有众多柏树被我称作"柏树胡同"，再经过"紫气东来"城关和一段小路，就可来到谐趣园宫门。有棵松树在"赤城霞起"城关之前，有点像黄山迎客松，给人印象深刻。1981年上大学时来颐和园就曾以它为"模特"画过铅笔速写，后来因铅笔画不好保存就改为用钢笔作画了。（图9-3）谐趣园内的建筑对位比较清晰：与宫门相对景的是"知春亭"，后面有"饮绿"和"洗秋"两栋建筑。在南北轴线上，与"饮绿"亭相对应的就是"涵远堂"了。（图9-4）

因下雨，谐趣园内的游人不多，原来挤在湖中央"洗秋"和"饮绿"两亭子内的游人也有所减少。想象一下，虽然这块"L"形的湖面面积不大，但雨气加上西北风一吹，吹到身上还是有些阴冷，对老人来说是很容易被"吹"出感冒，并不适合在湖边久坐。

雨水由中雨变成小雨，但打在身上还是凉丝丝的。

为了避雨，也为了看看涵远堂的室内装修，就从南侧平台退到涵远堂的外廊下。

在谐趣园内的众多建筑中，园方除了在"引镜"和"澄爽斋"室内设立工艺品服务部外，还在涵远堂设立了一个画廊兼展室，作为一处文化场所对游人开放，可以让游人自由进出。

图 9-3 赤城霞起前的一段小路

图 9-4 与谐趣园宫门相对的饮绿亭

图 9-5 位于谐趣园南北轴线上的涵远堂

涵远堂的结构为五开间六架梁。（图 9-5）

进门后，与南门相对应的一个开间内设置着一个太后宝座，其他空间则通过内檐装修和展板分隔形成一个顺时针流线的小型展室。

里面的展出内容既有一些卷轴类、镜片类字画，还有摆放在博古架上的仿官窑瓷器和缩小的青铜器，说是展廊，实际上每件展品的下方都有价格标签，同样可以作为商品出售。

与建筑专业联系紧密的是有关建筑的内檐装修，就是原来分隔空间的各种建筑构件，专业上称为"栏杆罩"。

仔细观察一下，这里的"栏杆罩"可以分为三种，都是硬木材质，只不过雕刻的花纹有所不同；如果不是认真看也分辨不出来。

据介绍，"光绪年间当慈禧太后住在颐和园时，她喜欢到谐趣园里钓鱼，在涵远堂里吸食水烟和休息。"[5]

也许因为这一原因，现在的样式雷图档中就保留有数张当年样式雷设计涵远堂时的图纸，特别是四件与内檐装修相关的图纸。由于慈禧太后的关注，设计师在设计涵远堂时需要经常将设计图样呈报给皇太后预览和定夺，以满足当时房屋主人的喜好和需求。（图9-6）

图9-6 涵远堂内的楠木雕花装修（来源：国家图书馆图档）

201

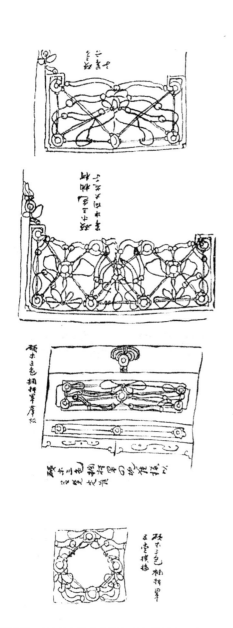

这些皇家档案包括"颐和园内谐趣园涵远堂平样""颐和园内涵远堂地盘样"和"颐和园内涵远堂内檐装修单边罩立样"。

在后一类的图纸中有一张的草图旁边标注有:"硬木三色栏杆罩,现准样以呈览定准。"同时呈报的草图还有一些详图:如"硬木三色栏杆罩中间大花子""硬木三色栏杆罩五堂横梅""硬木三色栏杆罩群纹"。(图9-7)

估计是设计人员画好图样后呈送给慈禧太后,等待太后批准的文件。比较意外的是,这

图 9-7 涵远堂内檐装修栏杆罩立样糙底(来源:国家图书馆图档)

几张有关"栏杆罩"的图纸是以草图的样式呈报的（或是呈报后存档的草图），远不如其他一些图纸画的精细和完整。从另一个方面看，需要由"太后"审查和"定准"的建筑类型也够多的。

从展厅出来时外面的雨已经停了下来。想起过去看过的一张刊登在 1972 年《人民画报》上的老照片，是将涵远堂前面的临水平台扩建成小型舞台的规模，就想实测一下这个小平台到底有多大。

一个人用两米长的卷尺拉了一下涵远堂南侧的平台尺寸，大概 3.5 米见方的样子，想想也就能站上去三四个人，无论如何无法容得下十几个演员在上面"载歌载舞"的。当年肯定是以这块平台为基础改扩建成一块临时性"舞台"，看看下面的湖面，这里的水面并不深，搭建一个木质基础并不困难。

在我读大学的二十世纪八十年代，有关古典园林方面的专著不多，其中有两本涉及北京保存至今的皇家园林，其中一本《清代的御苑撷英》由天大和北京园林局共同编著，是一本研究"园中园"的专著。

从书中得知，在二十世纪五六十年代，天大建筑系的数届学生在卢绳、冯建逵、胡德君等老师的带领下曾经对北海里的几个小型园林，以及颐和园里的谐趣园等建筑群进行过系统测绘，仅涉及谐趣园的各种图纸就达到六十余张。

比较可惜，卢绳教授已经在 1977 年去世，没能看到这本书在他去世几年后的出版。

快离开涵远堂时，想起 2011 年在谐趣园里画画时碰到过的女服务员，记得当时她自己介绍说在涵远堂里工作。离开涵远堂时就问在门口值班的两个女子，那个说"东北话"的女孩是否还在这里工作。听完我的描述，其中一个年龄稍大的很夸张地回答：

"从来没有见过这个人呀！"

真是太奇怪了，前年在院子里画画时还不止见过她一次、两次，最后一次是在乐农轩后面的厕所前室，她曾说，"看到你画画用的画凳就知道你还没走。"怎么能说没有此人呢？

从涵远堂里出来又向北转一个弯来到分隔涵远堂与霁清轩的一片山岗，来"拜访"经常游荡在这片假山附近的一只黄猫和它的孩子们。

可惜未遇到。

晚上整理日志，又想起有关以涵远堂为背景的老照片，老照片里的临时性舞台。

1966 年—1976 年，颐和园是北京乃至全国举办重大政治活动的一处场所。

图 9-8 1972 年涵远堂南侧的临时舞台及表演（来源：CHINA PICTORIAL 1972 12）

去年春节回东北老家，从父亲的旧书中翻检出几本老的《人民画报》带回来，其中 1972 年和 1976 年中的两期都有与颐和园有关的活动，或者说借用颐和园为"舞台"举办的活动。

1972 年的某期重点介绍有国庆 23 周年的纪念活动，里面涉及的露天演出和游园活动主要在三个地方。除了此前提到的谐趣园，还有一处的演出地点在知春亭附近的木船上，游园观众可以在知春亭附近的几块陆地上观看，另一处在后山长桥附近的船上，估计是一种活动式舞台，方便当时在后溪河两岸的观众观看。

谐趣园里的一组照片出现过多次。

这时的临时舞台设在园内主要建筑涵远堂南岸的一块码头上，此时的观众既可以在对面的"饮绿亭""洗秋榭"观看，也可以在东西两侧的"知春堂"和"澄爽斋"观看，甚至可以看到挤在"引镜"至"澄爽斋"游廊里的观众。（图 9-8）

后来找出谐趣园的平面图来看，估计由涵远堂南岸辐射的观看范围在 25 米至 55 米之间，观看距离适中，应该是一处比较理想的演出地点。

联想到当时的实际情况，1966 年 8 月至 1971 年 5 月，几乎有五年时间这座曾经的皇家园林迫于形势被改名为"人民公园"，1971 年的 6 月才恢复为颐和园；而转年 1972 年 10 月在颐和园里举办的国庆活动其热闹程度应该是可以想象的。

对颐和园而言，其实很早（民国）就已经对普通民众开放，早已具有公园的性质，之所以还称作颐和园只是表达一种历史的延续性而已。

记得著名文人郭沫若在二十世纪五十年代曾经为绍兴沈园（私家园林）改为"公园"而喝彩：

"封建社会在今天已经被根本推翻了，……昨天的富室林园变成了今天的人民田圃"，明天的园林"会发展成为更美丽的池台——人民的池台"。[6]

当时对文化人的普遍要求是，对"新事物"要多多"喝彩"和"引吭高歌"，而不要"伤心落泪"。其实，假使陆游再回到沈园，在熙熙攘攘的游人涌动中，面对夹杂在红男绿女之间的初恋情人唐婉，也难再写出像"钗头凤"那样的哀婉词句。

历史上，江南的一些小型私家园林由于民国年间时局的动荡，特别是日军的入侵、国内的战乱等原因，民国期间就已经处于一种衰败状态，这在童寯先生所著的《江南园林志》多有记述。1949 年之后，这期间的大部分私园被收归国有并改变其性质为公园对普通市民开放。

从《人民画报》中近距离照片上看，舞台上同时可以容纳十几个女演员表演舞蹈。而原来"涵远堂"南侧的平台肯定不够大，应该是一种为了配合小型演出而临时搭建的舞台。

如果寻找古典园林多功能使用的可能性，这期间的"临时性舞台"是不应该被"遗忘"的。

注释：

（1）北京市颐和园管理处、中国科学遥感与数字地球研究所著.《颐和园佛香阁精细测绘报告》.天大出版社，2014 年 4 月第 1 版：P16-17.

（2）刘若晏著.《颐和园》.国际文化出版公司出版，1996 年 10 月第 1 版：P79.

（3）陈文良、魏开肇、李学文著.《北京名园趣谈》.中国建筑工业出版社，1983 年 6 月第 1 版：P321-322.

（4）张加勉编著.《解读颐和园·一座园林的历史和建筑》.当代中国出版社，2009 年 6 月第 1 版：P117.

（5）天大、北京园林局共同编著.《清代御苑撷英》.天大出版社，1990 年 9 月第 1 版：P34.

（6）吴小龙.《狗年初一》（《随笔》）.2006 年 4 期，P7.

十、玉澜堂建筑群中的几次空间变化、乐寿堂西院、宝云阁

2013 年 7 月 16 日，
星期二，
晴。

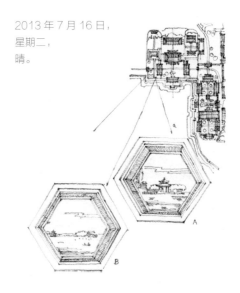

晨起被窗外耀眼的阳光晃了一下，再无睡意。

透过窗上的玻璃可以看到窗外的蓝天和随风摆动的树枝、树叶，真是雨过天晴的一个好天。

洗漱后想想今天上午应该去干的事：来颐和园已经第十天，碰到的阴雨天居多，晴天较少，利用今天天气好还是应该去补拍一些颐和园的照片，画画可以少画一张。补拍的范围定在玉澜堂、宜芸馆一组，乐寿堂和扬仁风一组，然后去长廊附近，最后上山去排云殿后山上的五方阁。

在玉澜堂大门前一直等到八点半开门才进去，进门前先围着玉澜堂东侧的霞芬室外部拍照。

在清漪园时期，玉澜堂是乾隆皇帝非常喜欢的一处书房，留有乾隆的御制诗 27 首，是他来清漪园时小憩、传膳（吃饭）和咨询政务的地方。有趣的是这些御制诗里多次提到在这组建筑里使用了当年的贵重建筑材料——玻璃（窗），由于当时的玻璃还需要从国外进口，在乾隆的诗里把这种窗称为"蛮窗"，而也正是因为这个原因使得从建筑内可以很方便地欣赏到西侧玉泉山一带的风光。

> 清漪园内殿堂多，来每斯堂所必憩。
>
> 近邻勤政咨对便，远带六桥畅览遐。
>
> 畅览敬惰咨对殷，乃以余闲兴偶寄。

稚春冰冻鱼未涉，何有于澜观且置。

然而室中凭蛮窗，自饶激滟澜之意。

———乾隆四十六年———

玻璃窗户朗而空，远近湖山一览通。

暖律渐催晓春盎，元冰都作绿波融。

云容又布淡浓势，雪意还迟想象中。

已是优沾更希泽，利农念讵有终穷。

———乾隆四十一年———

实际上从玉澜堂里是无法直接看到近处的昆明湖的，只是因为在隔扇窗的"下格"上使用了透明玻璃而让乾隆皇帝十分高兴，才有了"远近湖山一览通"的感慨。仔细考察玉澜堂和左右两侧的东暖阁、西暖阁，发现在西暖阁的西侧的一段外廊上也使用了一块玻璃窗，并在与之对应的"山墙"上摆放着一块玻璃镜，使得这部分的廊道空间得以扩展，也将窗外的昆明湖景色引进室内。

乾隆对同一院子里的藕香榭和霞芬室也各有题诗。[1]

对于临湖的藕香榭，因为在西侧的格栅窗里使用了大量玻璃，让这位园林主人感到如同坐在"敞榭"一般的建筑里，可见当时"玻璃"在建筑中的使用所带给人们的愉悦感。

敞榭临湖岸一方，坐来浩淼挹波光。

抚时因识非莲候，管额无殊对水芳。

因悟有开还有谢，不如真静乃真常。

汤泉早卉瓷瓶供，岂不居然是藕香。

—乾隆三十八年—

观察玉澜堂建筑群的周围建筑，院子内的东配殿为霞芬室，西配殿为藕香榭，而这两栋建筑都设有独立的对外大门和台阶。设想原来在两个配殿间应该设有"活门的穿堂"，使得当年建筑的主人能很自由地从仁寿殿西侧的假山小路，穿过两栋建筑和玉澜堂的院子来到昆明湖的岸边，即现在九道弯上的平台上。（图10-1）

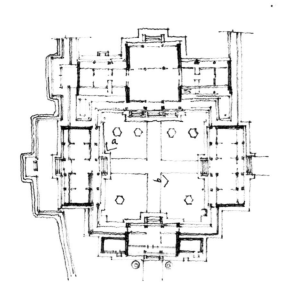

图 10-1 玉澜堂组群平面示意

213

现在，玉澜堂小院内部的封闭性空间是"戊戌变法"以后才"人为形成"的，而将这个小院与后院打通，使游人能够在其中穿行更是1949年以后的改建结果。

从空间形态分析，乾隆时期的玉澜堂小院因左右两栋建筑可以穿行而显得开敞。戊戌变法以后，因在左右建筑门内增设的两堵砖墙而显得封闭。

"玉澜堂、霞芬室和藕香榭都是清漪园时期的殿名，同治三年（1864年）的《陈设清册》中记有'玉澜堂'的名字，说明是劫后幸存残破之建筑。"

"《万寿山等处已修齐未修齐工程清单》记有：'玉澜堂一座，五间。两山耳殿两座，每座二间。霞芬室一座，五间。藕香榭一座，五间。宫门一座，三间。周围游廊共计六十间。东值房一座，三间。'并注'以上各殿座均已修齐。'说明玉澜堂景区复建于光绪十三年十二月十五日（1888年1月27日）之前。"[2]

这年的二月初一，光绪帝载湉发布上谕，改清漪园之名为颐和园。

在院子里看玉澜堂主殿往往会产生错觉，以为是三开间的一个建筑；实际上只是凸出的主殿部分是三开间，另外左右还有两个东西耳房（一开间）被南侧的游廊遮挡起来，另外还有两个配殿也不太容易看到。1949年以后为了众多游客在院子里穿行，颐和园方面将这两

图 10-2 在院内看玉澜堂正殿

边耳房拆掉改为现在的步行通道，使游人可以直接从玉澜堂的院子穿行到后面的假山园和再北面的宜芸馆。（图 10-2）

主殿两侧、与两个耳房相连的还各有东西两个配殿（各两开间）：东耳殿（也称东暖阁）当年为光绪帝的书房，西耳殿为光绪帝的寝室，目前还依原样保留着原来的室内陈设。

"玉澜堂是穆宗（光绪）的寝宫，戊戌变法前，（他）在西夹室（耳房）阅看各省奏章，召见袁世凯。戊戌变法失败后，穆宗被幽禁在此园，霞芬室、藕香榭内砌有砖墙，门口有太监'站岗'。"[3]

也正是由于后来在霞芬室和藕香榭室内"设置隔墙"的原因，使得原来相当通透的"穿堂门"，由东侧霞芬室至西侧藕香榭的通道被完全"堵死"，连从院子里窥视西侧昆明湖和东侧假山的"视线走廊"也被"堵死"，从而使得后期的光绪帝只能看着院子里的树木和天上偶尔飞过的鸟儿而感叹。

玉澜堂的主殿内与左右两侧的东暖阁、西暖阁类似还保留着当年的原貌，只是并不对外开放，游人想要看一眼光绪时期皇帝工作和生活的场所得透过门窗上的玻璃才能"窥视"一下。也许是害怕游人在"窥视"内部场景时碰坏"下格"的玻璃，园方又在"下格"的玻璃外面加了一层"防护网"，即与"上格"花纹类似的木格栅。

翻检早期颐和园风光的明信片，可以大概了解玉澜堂主殿内的布置："玉澜堂是光绪的寝宫，堂内设宝座、围屏、掌扇等。玉澜堂这份宝座比起慈禧在乐寿堂、排云殿的宝座却文雅得多。在绘有山水画的玻璃围屏前，陈设着紫檀木嵌沉香的宝座与御案，宝座的靠背上也浮雕着山水画，而沉香又是名贵的药材。牙黄色的沉香木嵌在深紫色的紫檀木中，色调和谐高雅。室内东西相对摆着一对紫檀木边上嵌螺钿的玻璃大立镜。站在堂中央，向东西两镜观看，反复对照，景深无限。"[4]

现在，镶在玉澜堂建筑里侧的玻璃是安全了，但游人若想"窥视"光绪皇帝的书房和寝室就难了。

藕香榭的室内东侧已被砖墙封闭，在玉澜堂院内只能看到这栋建筑的一个侧面。而由于这栋建筑保留了清漪园时期的"穿堂门"格局，

图 10-3 在院内看藕香榭

使得其西侧、面向昆明湖的一侧有窗有门，形成一栋可以在西侧开门的"独立性"建筑。（图 10-3）

与玉澜堂主殿的处理相类似，藕香榭的东侧、"下格"窗扇上加有花纹细密的木格栅，玻璃的另一侧也被白纸"糊住"，与大门对应位置则保留着"戊戌变法"后所加的砖墙，至此，走进玉澜堂小院里的人们已经完全感觉不到清漪园时期的空间感受，少量好奇的游客会隔着大门上的玻璃"窥视"一下这块堵着大门的砖墙，更多的游客只是会在"玉澜堂"三字的牌匾下请人照张相，算是到此一游，有照存证了。

院内有两棵不大的白皮松，像是后来补种的。

记忆中，西向开门的藕香榭在 2006 年颐和园测绘之前就已经对外出租，成为一个可以拍摄古装照的场所，这一商业主题至今依然保留。

那几年以"清宫戏"为题材的电视剧热播，店主人（好像是夫妻）就顺应"时尚"潮流，购置了多种皇帝、皇后或宫女的戏服作为游人在此拍照的背景或道具，方便他们在室内营业。来颐和园的游人既可以穿上戏服、依着昆明湖栏杆拍照（只是由于逆光或湖水太亮，这种照片的效果并不好），也可以选择在"藕香榭"的里间拍照。（图 10-4）

那几年，颐和园晚间闭园的时间比较晚，但傍晚的游人并不多。有几次我"收工"后在九道弯一带徘徊、拍照，往往会碰到店主人正要把立在门口的、贴在纸板上的"广告宫女"往屋里搬。收拾收拾他们也就"收工下班"啦。

这时的"藕香榭"仅仅是一栋对外营业的三开间门脸房，不可能有人会关注原来发生在玉澜堂里的历史和故事，甚至不会将它与玉澜堂、光绪帝和"戊戌变法"联系起来。（图 10-5）

面对这样一段真实的历史，有人会说："嗨，当年还发生过那种事？""翠花，上酸菜！"[5]

补拍完玉澜堂、宜芸馆这组建筑的照片，经过永寿斋就来到乐寿

图 10-4 藕香榭临湖一侧店面

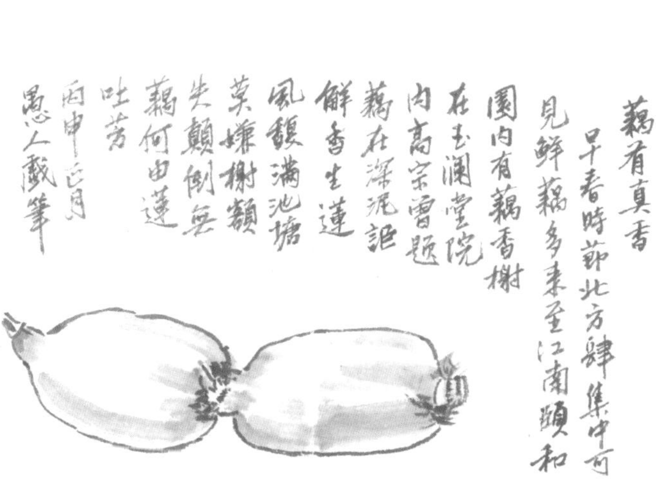

藕有真香
早春時節北方肆集中可
見鮮藕多來至江南頤和
園內有藕香榭
在玉澜堂院
內高宗曾題
藕在深泥詎
鮮香生蓮
風韻滿池塘
莫嫌榭額
失顛倒無
藕何由蓮
吐芳
丙申正月
愚人戲筆

图 10-5 作者绘水墨画"藕有真香"

堂的后院。这里的气氛与前院迥然不同，既没有一拨又一拨的游人，也没有拿着小黄旗的导游；而是一些悠闲的京城市民在"晨练"，不紧不慢地打着"杨氏"太极拳。

乐寿堂的西配殿（题名"仁以山悦"）现在与东配殿一起已经变成两座供游人穿行的"穿堂殿"，大量游人在玉澜堂附近聚集和分散；人们只要穿过这个西配殿就来到乐寿堂的西院，有东西向的小路直通长廊的东侧起点——邀月门。（图 10-6）

实际上，现在能够游览的"西院"只是西侧院落的一半，靠北的另一半被称作"扬仁风"或"扇面亭"，其建筑群是一个被围墙所环绕的独立性小院，并不对游人开放。由于这个原因，扬仁风南侧的圆洞门一带就显得十分安静；在"石板路"和圆洞门之间还有一个紫藤架和下面的一些水泥座椅。

从杨仁风的南院观察邀月门，会发现它与一般垂花门的不同之处：其高度与一般垂花门类似，而横向开间较宽，大概是同类垂花门的 1.5 倍以上，显得更加稳重。究其原因，在垂花门的后侧墙上开有直通长廊的门洞，透过垂花门边框可以看到在实墙衬托下的"孔洞"。人们在这里可以得到一种深邃的透视效果。（图 10-7）

邀月门西接长廊，南侧连接一个半壁廊。早年来颐和园，曾经对这组建筑中靠近昆明湖一侧的"景窗"很好奇，发现不仅可以透过景

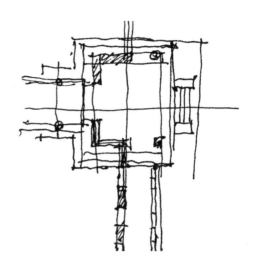

图 10-6 长廊东端起点：邀月门平面示意

图 10-7 邀月门东侧外观

窗看到各种经过设计过的湖景，而且景窗玻璃上保留着原来的彩色绘画，景窗的形状也开成各种几何形。（图10-8）

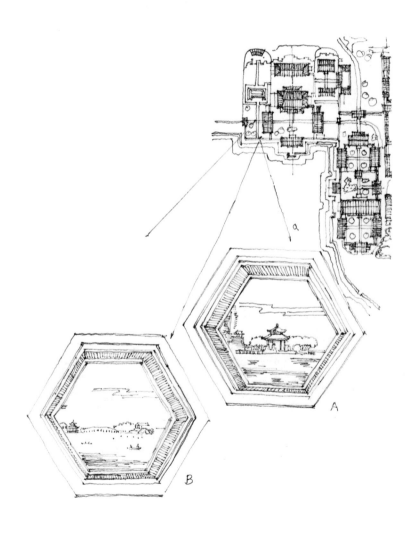

图10-8 昆明湖东北角建筑群平面及邀月门南侧景窗、对景。

在这里，无论是看景还是看画都可以让人流连忘返。只是后来经过乐寿堂时，发现前院中总是聚集着很多人，声音嘈杂，也就只想着如何更快地离开此地了。

很奇怪，今天紫藤架一带几乎没有什么休息的游人。

端着相机拍照半天，觉得腿脚和眼睛都累了，正好在这里休息一会。

过去，拿着"佳能"的单反相机拍照，因为是用右眼对着相机上的取景窗取景、拍照，每拍照两卷（72张左右），就会觉得眼睛受不了，需要休息一会。现在使用数码相机，虽然取景窗变成了一块显示屏，加大了取景框面积。相机里面的储存器也取代了过去需要频繁更换胶卷的麻烦，但拍照一多还是觉得累，只是休息的间隔时间被拉长，一口气能拍出120张左右的照片。

在天大的早期测绘成果中，就有"清遥亭""铜亭"等测绘图。尽管这些图纸的精细程度无法与后期使用各种精密仪器的测绘图相比，但这些图纸见证了天大建筑系老一辈学者和学生们的贡献，更可以了解那一时期颐和园建筑的真实状态。

进了排云门以后，在排云殿附近碰到几个在附近补测数据的同学。问及他们是否看到"转轮藏"小组的同学经过时，回答多说"没看见"。

顺着德辉殿西侧的爬山廊来到半山腰的一块狭长形平地，再登五

图 10-9　由西南角看宝云阁

方阁东南角的石台阶就绕到五方阁小院的前部，走走停停，从下到上拍照。为了增加记忆，随手勾画了一张这段起"导引"作用的"楼梯"平面。

　　如果单独欣赏"宝云阁"（高 7.5 米），与一般的重檐式阁楼相差不大，只不过将建筑材料都换成了"铜质"构件，材料和作法上显得更"高级"一些。但是在环形小院里观察这栋建筑，由于建筑被"托举"在一个高 3 米左右的高台之上，会感觉这个小院和回廊都是为了这栋建筑而设。人们需"仰视"才能看清建筑的轮廓和一些细节，即使不加说明，你也会知道这栋建筑的重要性。（图 10-9）

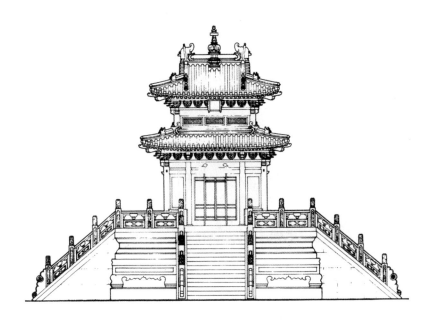

图 10-10 宝云阁（铜亭）南立面图（1978 年测绘图）（来源：天大建筑系（1953-1985）学生作业选）

这栋俗称"铜亭"的建筑物是清漪园时期的遗物，躲过了 1860 年英法联军火烧清漪园的劫难。但亭子上的窗扇、门扇却不知道何年丢失。在二十世纪九十年代中期以前的各类老照片和各种画册中，铜亭中的窗扇都是空的。实际上，不仅门扇、窗扇残缺，南立面上的牌匾也不见了；天大学生在 1978 年所作测绘图中对此也有真实的记录。（图 10-10）

我们现在看到的、相对完整的建筑面貌是以后经过国际友人的捐赠、颐和园方面工匠"补修"后的结果。其详细过程大致如下：

225

图 10-11 维修前的宝云阁图片（来源：颐和园管理处编《颐和园》，1959 年 9 月第 1 版）

"1975 年有法国巴黎一个古玩商店来信说有颐和园铜窗以高价求售。后经法国驻华大使馆大使夫人和美国一家搞国际展览公司的人士反复查核，查明确有十扇铜窗是在 1912 年由中国出口的。1993 年美国工商保险公司董事长格林伯格出资 51 万 5 千美元将这十扇铜窗购买，无偿送还中国。颐和园将其他丢失之铜窗补齐，将铜亭恢复完整，1993 年 12 月 2 日在铜亭现场举行了美国工商保险公司捐赠仪式。1996 年又由法国无偿归还铜窗一扇。"〔6〕

另一份网络资料介绍说："宝云阁原共有菱花格〔心〕70 扇，建国后只剩 39 扇，直到 1993 年才由美国工商保险公司董事长格林伯格赠还颐和园 20 扇，后又复制 11 扇，最终恢复了宝云阁的完整。宝云阁现在菱花隔扇凡是有铜纱的均是格林伯格赠还的。"（图 10-11）

从资料的可靠性来看，国际友人"捐赠"的窗扇应该共计为 11 扇。

南门正门上方悬挂的"大光明藏"铜匾是根据承德避暑山庄内某个牌匾复制的。

在颐和园的史料中还记录有：

"铜亭中的铜案与园内各处的铜缸曾在抗日战争末期（1945 年）被日本侵略者盗运要熔化改制军火，幸抗战胜利，原物追回。"〔7〕

为了看看这件被从天津港追回的铜案桌和铜亭内部的其他状况，我请五方阁的一位管理人员打开铜亭大门，并在她陪同下进入室内调查，拍照数张。

近方形的室内地面上铺设着一种以"八边形"石块为主的装饰，石块因年代久远已经被磨得很光滑。所说的"铜案桌"与普通木条案的大小类似，一米左右长，半米左右宽，在条案的两侧地面上还摆放着两个汉白玉"覆莲"基座，上面的摆件已不存在。

各种有关"铜亭"材料中提及的工匠与官员名称被阴刻在"窗扇"与"坎墙"之间的横梁上，如果不去仔细找往往不会注意到它。由于是逆光，拍照出来也不是十分清晰，估计若做成拓片后的效果可能会更好些。

这里涉及的工匠种类有：铸匠、凿匠、拔蜡匠、镟匠、锉匠、木

227

匠等多个工种。据说，"铜亭阁上的花纹采用我国传统铸造工艺——拔蜡法制造，反映了我国古代的高超铸造水平。"[8]

在室内，我注意到"铜案"的一条前腿上有一块明显的"伤痕"，两寸长、半寸深，像是被什么"利器"所伤；询问陪同我的"老大姐"，她说是二十世纪六十年代中被"革命小将们"用斧头砍的。

我怀疑，这斧头不是一般的"钢口"，挥动斧头的人对古物应该怀有不一般的仇恨，才能把一块铜料砍得这样深；好在这"条案"是精铜所铸，质量也靠得住，当年铸件者的名字（责任人）还留在墙上；在那个"横扫一切牛鬼蛇神"的年代，这"铜案"应该是有什么神鬼护佑才能使其逃脱第二次劫难，在逃脱被日本兵"盗运""熔化"的命运后又能"挺住""被砍残"的命运。如果是木器估计这条腿也就断了。

尽管铜亭的室内比外面的气温要低，但感觉"阴气"较重，照了几张相还是赶紧从室内退了出来。站在门边的平台上看着"老大姐"给南门"落锁"，上下晃动锁身看看是否锁住了。

很长一段时间，由于"铜亭"四周窗扇的缺失，造成其室内根本没有安全性可言。但是，即使"铜亭"是像现在这般"完整"和"落锁"，就能挡住当年人为的破坏吗？

在南侧回廊里，又与这位"老大姐"聊了一会闲话，然后告辞离开。

一直找不到好的角度拍照南门外的石质牌楼，这次站在门前的台阶上向南拍了一张，大概可以把牌楼的整体收进相机"景框"。

又细读一遍乾隆皇帝所写并刻在牌楼柱、梁上的文字。其中中间的横梁上题写：侧峰横岭画来参。外间柱上的对联为：众皱峰如能变化，太空云与作沉浮。

尽管乾隆皇帝在此间没有留下一首诗，但这些对联似有深意。

中饭时碰到阿龙，告知我下午两点半开始在三队会议室听学生的测绘汇报，并补充说："下午会有几位学院领导来颐和园慰问，别来晚了！"

学院来的"慰问团"下午四五点钟才到，有"党团口"的小张老师，历史所小曹老师等三人，办公室小李开车。

也许是测绘的现场部分要结束了，晚上的颐和园食堂有加餐"红烧猪腿"，大概每四个人一只。这件事听食堂"光头"师傅与管后勤的研究生好像讨论过几回，主要是我们得额外补给食堂一笔费用。

"红烧猪腿"在北方也称"烧肘子"，南方称作"烧蹄髈"，是过去过年时吃的一道"硬菜"。今天大师傅把这道菜做得很出色，不仅十分入味，而且软烂适中，很适合配着米饭吃。我们几位带队老师和研究生陪着"慰问团"占了一条大长桌，两份"肘子"上桌后没多久就被"消灭"了，看来这道菜很"对"众人的胃口，也说明老师们的"战斗力"还很强。

而饭后环视一下余下的各桌，这道菜则有剩下的，主要是外面的"皮色"部分和含有脂肪的肥肉部分，可见现在年轻人对"瘦身"的重视。近几年发现自己"肚腩"部分渐现，其既与现在运动量过小有关，也与饮食习惯有关，特别与喜食"猪蹄"和"东坡肉"等"肥厚之物"有瓜葛。

晚餐后，众人又一起去知春亭附近拍合影，然后送走他们几人。临别前，请小李把已打包的、在颐和园买的书放在他后备箱里带回天津，免得我大包小包地"背回去"。

我和阿龙等又返回会议室听学生"汇报"，一直到夜里九点半独自离开；第二天听说，"汇报"持续到夜里十一点多才结束。

注释:

（1）孙文起，刘若晏．翟晓菊，姚天新编著．《乾隆皇帝咏万寿山风景诗》．北京出版社，1992 年 8 月第 1 版：P106-109.

（2）徐征．《样式雷与颐和园》．收入张宝章、雷章宝、张威编．《建筑世家样式雷》．北京出版社，2003 年 6 月第 1 版：P112-113.

（3）孙文起，刘若晏，翟晓菊，姚天新编著．《乾隆皇帝咏万寿山风景诗》．北京出版社，1992 年 8 月第 1 版：P113.

（4）刘若晏著．《颐和园》．国际文化出版公司出版，1996 年 10 月第 1 版：P38-39。

（5）这句台词源自 2002 年前后热播的一部电视连续剧《我们都是东北人》．电视上开始盛行"戏说历史""饮食男女"等内容的流行文化。

（6）刘若晏著．《颐和园》．国际文化出版公司出版，1996 年 10 月第 1 版：P81-82.

（7）刘若晏著．《颐和园》．国际文化出版公司出版，1996 年 10 月第 1 版：P159.

（8）陈文良、魏开肇、李学文著．《北京名园趣谈》．中国建筑工业出版社，1983 年 6 月第 1 版：P315.

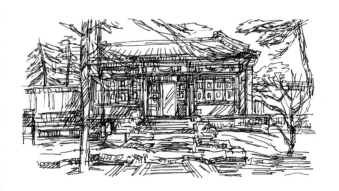

十一、"意迟云在"轩、
赅春园的建筑遗存、后湖
沿岸的云绘轩、澹宁堂

2013 年 7 月 17 日，
星期三，
晴

　　昨晚在知春亭拍合影时看到天边生出一种鱼鳞状的红色晚霞，很是好看。拍完合影，又和小李拍了几张以晚霞为背景的万寿山风景照，他向我开玩笑说："看样子明天颐和园会是一个'艳阳天'，会很热。"

　　早晨起来后发现太阳已经升起，确实是一个"响晴天"。

　　随着昨天下午开始的"学生汇报"的结束，"标志"着这次测绘的现场部分基本完成。今天上午阿龙安排一些感兴趣的学生去北海参观；同学可以在东宫门北侧的"西苑"站上车，乘地铁进城，在平安里站转乘一次即可到达北海后门，那里有其他组的测绘老师接应。

　　上午计划继续在颐和园的"工作"。看着如此闷热的天气，就想往后山一带走走，那里也许会凉快些。想起来后山"赅春园"里还有些景物值得细看，就把那里选为上午的第一个"目标"。

　　为了避开从东宫门进园的大量人流，我就从宜芸馆的北侧山道上山，左拐后往西走，走到"意迟云在"后在那里小憩一会。

　　"意迟云在"是一座敞厅式建筑，位于半山上三条小路的交叉口上：向南可以下到"无尽意轩"东侧的"葫芦河"附近，向东北可以上到"福荫轩"。建筑前面的、东西走向的小路是从"含新亭"至"写秋轩"的必经之路。

　　这栋建筑于咸丰十年（1860年）被焚毁，光绪十九年重建。现在我们看到的建筑即是那次重建后的结果。

从平面上看，这栋建筑有里外两层结构，里层结构是由 6 棵柱子构成的三开间，外层结构是在"三开间"上套上的一圈"周围廊"，记有 18 棵柱子。在外圈柱间上下装修有"坐凳楣子"和"倒挂楣子"，中间有南北通透的"坐凳门"。

建筑中台基部分还保留着很明显的"乾隆风格"，从下至上依次为：条石台基，虎皮石台明，青石台阶石。中间部分为如意踏跺台阶。

早在 1957 年这栋建筑就被天大的学长们测绘过，并被收录在二十世纪八十年代出版的一本"天大学生作品集"中，所以当我现场面对它时就感到很亲切。（图 11-1）

来调查前曾经做过一些"功课"，翻阅了后人整理的《乾隆皇帝咏万寿山风景诗》一书，只是没有找到一首与其有关的诗文，很是困惑。

当仰视"意迟云在"四字横匾时，又有些释然。（图 11-2）

"意迟云在"取自唐代诗人杜甫在成都避难时所作的《江亭》：

坦腹江亭暖，长吟野望时。

水流心不竞，云在意俱迟。

寂寂春将晚，欣欣物自私。

故林归未得，排闷强裁诗。

236

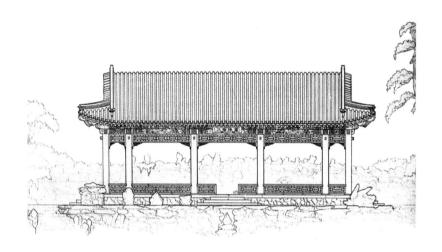

图 11-1 "意迟云在"南立面图（1957 年测绘）（来源：天大建筑系历届（1953-1985）学生作品选）

图 11-2 "意迟云在"外观

杜甫这一时期在四川的生活相对安定，所以能写出很多恬静淡泊的田园诗，但也有人解读出杜甫这时已经有归隐之心和清净之心："迟暮身何得，登临意惘然。"（《陪李梓州等四使君登惠义寺》）"休作狂歌老，回看不住心。"（《望牛头寺》）

高宗皇帝也许在给建筑命名时已经解读出杜甫写《江亭》时的心境，故未留下一首诗文对"意迟云在"亭加以解释。

据有关学者考证，"（意迟云在亭）只是在'乾隆十九年清册'上有所提及，并由此得知意迟云在最晚于乾隆十九年建成。"[1] 如果此说成立，这一年乾隆 43 岁，在他 89 岁的一生中肯定曾多次途经此亭并到过亭中休息。

而他对另一栋建筑清可轩则从乾隆十七年写到乾隆六十年。写《题清可轩》的最后一首诗时是乾隆六十年，这时他已经是 84 岁的老人了。

这栋建筑与西侧的"写秋轩"相类似，柱梁间和牌匾上的油漆彩画已有些剥落，很像是一位上了年纪的老人脸上带着的"岁月痕迹"。巧的是，早晨在这里休息的人也多是些常来园子里的京城市民，以老年人居多，游人模样的人并不多见。

无意间听到一段坐在廊子里的一男一女两位老人的对话，男人穿着长袖汗衫，京腔中带着东北口音，女子说北京话。

好像是男子向女子述说家史:"我家成分不好,是地主。但这个地主没当几年就 1949 年解放了,而这个成分影响了我一生,以后的参军、提干都没我什么事了。"

从外表看,两个人并不是"很熟的朋友",老头只是心里有话"憋不住"才想找个人说道说道;那个"大婶"也不错,能"很认真"地听老头唠叨。

我因为要赶着去后山的"赅春园",也没有时间把老头剩下的故事听完,很是遗憾。

今天上午要探访的主要建筑在后山赅春园里、清可轩的西侧,清漪园时称"香岩室"和"留云阁"的地方,现在那里仅存遗址。

现在的赅春园遗址已经不对游人开放,只有位于"后山御路"边上的三开间正门充作小卖部和展室。像前几次来时一样,从桃花沟一侧的一个边门进到第一层院子,与管理人员打过招呼后才往里面走。

这里,还完好地保留着第一层院落与上面一层的石质台阶。这种用天然石块铺砌和装饰的台阶属于清朝初期的典型风格,在京城和承德保留下来的皇家园林中都可找到类似的处理手法。(图 11-3)

在院内顺着现存的台阶一直爬到第三层平台的西侧,一个可以看到乾隆题字的位置,对着"清可轩"三个字发了一会呆。

图 11-3 赅春园遗址第一进院落景观

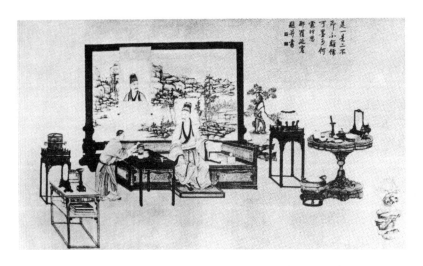

图 11-4 北京故宫博物院藏古画："是一是二图"（来源：《收藏》总第 251 期）

顺着题字的崖壁往右边看有一块凸起的部分,接着又是一块相对平整的崖壁,但比清可轩附近的崖壁要更靠北一些。崖壁转折以后的地面部分都不宽,只有两三米的样子。

实际上,这块凸起的崖壁包裹着一个山洞,这个山洞被乾隆起了一个很好听的名字"香岩室",山洞的入口在崖壁的西北角,需要转过去才能看到。

山洞的内部空间并不大。因为包裹空间的石壁上方有缺口,可以将自然光引进来;我怀疑这个山洞不是严格意义上的山洞,有一定的人工修造痕迹。山洞内部的地面也不平整,里面的山石上下、左右呈现一种错动的空间形态,其平整的部分不超过三平方米。

近几年,在后续对"清可轩"的茶室研究中,曾发现了几张现在保存北京故宫的、描述乾隆皇帝"坐禅"和"禅悟"的绘画,其中的一张画上有乾隆题写的御制诗,表明他禅悟后的喜悦:

"是一是二,不即不离。儒可墨可,何虑何思。那罗延窟题并书"这张画的背景屏风上画的是近景山水。另一张同样带有乾隆题跋的画面与这幅布局基本相似,落款是"长春书屋偶笔",背景屏风上画的是"梅花",并带有题画年款。(图11-4)

"长春书屋"比较好找,是乾隆做太子时在圆明园里的书房;而"那罗延窟"在哪则根本搞不清。后来还是翻阅《乾隆御制诗》时,在题写"香岩室"的八首诗中偶然发现了所谓的"那罗延窟"[2]：

......

天花菲其芳，禅枝挛以锁。

龙象庋须守，瓶钵惟静妥。

如如供大士，跏趺青莲朵。

那罗延窟是，无示中示我。

—乾隆三十六年—

这首诗在点明"那罗延窟"即是"香岩室"的同时，又说明了当时窟内的主要功能和陈设：为了供奉立在莲花上的观音像，室内只摆设些净瓶、铜钵等简单物件，是乾隆皇帝自己禅修的一个场所。

"流云"两字的刻石保留在"香岩室"以西的一段山路上方，大概有两米多高。与"清可轩"刻石的位置差不多，由于不在人体的活动范围内，没有受到人为的有意破坏，只是经过了几百年的风雨剥蚀，阴刻的字口变得不那么清晰了。

再往西，靠南的石壁被一段宽五六米的青砖墙所取代，标志着另一栋建筑"流云阁"的开始。依照周维权先生所作的草图示意和一张"赅春园遗址平面图"[3]，流云阁应该由两栋建筑组成，构成一个"L"形平面，其中沿着山岩展开的部分将一片石雕保护在内，这组石雕被

称作"释迦佛与十六罗汉像",尽管雕像的头部多有残损,但还是从中可以找到乾隆时期佛教造像的神采。(图11-5)

据乾隆自己在诗文里称,流云阁(现称流云室)仿造金陵(现南京)永济寺而成,只是大小相差悬殊;为什么在这里仿造一栋像南方吊脚楼一般的阁式建筑呢?原来在流云阁的下方,"建筑"的西面和西北角正有一条溪流经过。这条小溪(称桃花沟)现在还存在,是万寿山北坡里的一条天然泄洪沟,只是水量不是很大。

乾隆的《题流云阁》一诗对这栋建筑的环境选址、江南情结等多有涉及[4]:

> 昔游金陵永济寺,爱彼临江之悬阁。
>
> 铁锁系栋凿壁安,古迹犹能寻约略。
>
> 万寿山阴绣屏张,我心写之命仿作。
>
> 虽无横江有廻溪,何小何大蒙庄齐。
>
> 流云两字向泖屋,新秋取暇来攀跻。
>
> 一片流云留不住,笑他高阁名空具。
>
> —乾隆二十五年—

估计乾隆皇帝写这首诗时是初秋时节,像是刚刚过来爬山之后所写。

图11-5 赅春园遗址中保留的十八罗汉造像（清漪园时期）

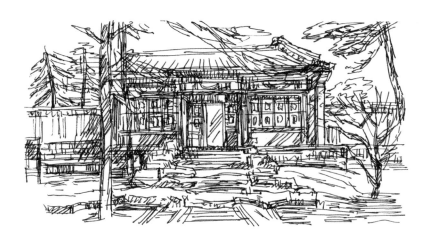

图11-6 赅春园遗址中保留的正门建筑

还得找个初春时节来看看，同时闻闻桃花、杏花开放时段这里的气息。

从原路退出后，又绕到北侧的"后山御路"上。

现在种植在赅春园山门两侧空地上的植物已经长得很繁茂，对位于台阶上的三开间建筑有一定的遮挡。后来发现，从这条小路上才能拍到这栋建筑的完整立面，而站在"山门"对面的敞亭里只能欣赏到赅春园山门的部分立面。（图 11-6）

因为后面的赅春园遗址基本被保护起来，原来南北贯通的"山门"现在只能在内部封闭起来，变成一间相对独立的展室兼小卖部。

信步又到山门内部浏览一下：室内西墙下面摆放着一个很大的木制模型，是根据专家们的研究所复原的"赅春园建筑群"，在这件大模型的两侧陈列柜里摆放着一些在遗址内出土的建筑构件和瓷器残件。室内东侧柜台里出售一些小件工艺品。

由于"赅春园"的建筑模型外面有一层有机玻璃罩子，隔着玻璃看里面的模型也不太清晰。只不过像我这样对这种物件感兴趣的游人不多，游人大多对小卖部里卖的折扇或冷饮更感兴趣些。

过去，学建筑的学生能亲自到颐和园、北海等皇家园林里参观的机会并不像今天这样多，能够上手测量这种清式经典建筑的机会更是少之又少。从民国时期的"营造学社"时起，请老工匠制作古建筑模型或建筑构件就成为学者们了解古代建筑的有效手段和途径，1949年以后这一用古建模型进行教学的方法曾在一些高校的建筑系里试行。

我所在的天大建筑系至今还保留着一些二十世纪五六十年代制作的古建模型。后来翻看天大教授、古建筑学家卢绳先生写于1953年的一组日记，了解到当年卢先生带领学生在颐和园里参观、测绘以及筹划请北京工匠制作模型的一些往事。

摘录几段卢先生的日记[5]：

"29/7 晨五时即起，赴东华门乘清华校车出城，六时三刻抵清华访吴良镛，见国骏、承藻、鸿宾、文澜等。近八时，同学皆至，陪同学参观清华初步、美术课成绩及设备。由宋泊、胡允敬、吴良镛等向同学讲话。

"九时许离清华，赴颐和园，上午参观谐趣园，及玉澜堂、乐寿堂、颐乐殿等处建筑。见到伟钰、承藻亦来，午间在长廊吃饭。下午参观排云殿，即分组收集资料。时天已大雨，至四时放晴。一组收集石作，二组收集金属雕刻，三组外研装修，四组内檐装修，都有些成绩。四时半，稍候同学齐集，进交大小坐，六时十分，乘校车返西直门。在交大时打电话给故宫，告知明日准来。

"入城后晚饭毕返寓。刘敏来访，估计斗拱每攒需 25 工，料 60 至 100 板尺（每尺一万元，红松），工资在京四万，至津约需五万也。稍坐即辞去。九时许天津方面来十余人听报告，谈至十一时许寝。"

在随后的几天里，为了请这位木工去天津制作古建模型，卢绳先生与他又见了一次，估计是谈妥了做斗拱模型的工料与劳务费；然后是安排助手去清华等处商量借用那里已经有的木模型样本，又考虑请别的工匠绘制"古建彩画"教具，可见后来天大保存下来的古建模型之不易。

"3/8 ……六时返城，天又雨，回寓后又电话刘敏来谈，仍望其去津制模型，考虑后向任兴华联系。云尧又来，知徐公（指系主任徐中）未归，候余返津后再商量决定，十时半寝。"

"4/8 早起在寓备一函致莫宗江，托任兴华往清华时借清式斗拱四攒仿做；另备一函致文整会，亦借模型交兴华，并留下刘敏地址电话。早餐后，上文整会访马林老，知其只有辽元斗拱，并无清式者。又往北城发掘的元代木棺（漕运使署）。同刘醒民谈彩画事，以其太忙，只请画元明式彩画各一，每张价七二工（每工三万），连料共四十余万。找李良媛还书款……"

现在许多人、包括从天大建筑系毕业的同学都不知道卢绳其人，很需要介绍一下：

"卢绳（1818—1977），是中国近现代建筑史上一位有影响的建筑史学家、建筑教育家。他早年求学于中央大学建筑工程系，1942年毕业后即追随梁思成先生、刘敦桢先生，在中国最早的建筑学术团体——中国营造学社学习和研究中国建筑……成为在中国建筑史现代体系的构筑中起到承前启后作用的关键人物。

1952年新中国大专院校系调整以后，卢绳作为天大建筑工程系中国建筑研究的第一人，为高校的建筑史学教育做了大量的工作，不仅开创了建筑学专业师生古建筑测绘实习的先河，更为天大建筑学院（系）的诞生和学科建设做出了不可磨灭的贡献。"[6]

新中国初期的五十年代，国内的工科院校多以当时的苏联教学经验为导向。

1953年，"天大建筑系曾请苏联专家阿谢布柯布给全系师生作'民族形式与社会主义内容'的报告。当时不少教师在指导学生设计时，都以现代建筑形式为主，对中国传统建筑形式很不熟悉，听了这个报告后，都认为应该设计出自己民族形式的新建筑，于是所有建筑设计的教师都去听卢绳讲的'中国建筑'课"。

卢先生在当时的影响可见一斑。这种时代背景也影响到次年在天大召开的"教学改革"会。

"1954年，教育部曾在天大召开全国建筑学专业五年制教学计划修订会议。全国有 7 个建筑学系主任及代表参加。""会议上深入讨论了苏联教学计划中培养建筑师的教学目标,要求学生通晓建筑历史,掌握建筑理论,加强基本功训练。"

在这次制订的五年级教学计划里包括:"三年级测绘实习三周,主要测古建筑,使学生对中国建筑造型与构造有进一步了解和掌握。"[7]

很不幸,在这次有日记可查的、颐和园实习后的第四年(即 1957 年)卢绳先生被划为"右派",以后的政治运动严重地影响了他才华的进一步发挥。在 1977 年,正当许多老专家庆幸以后可以安心"治学"并为国家做贡献的时候,卢绳却在同年八月突然去世,身后留下许多未能整理出版的学术论文、诗词和随笔。

现在人们能够看到的《卢绳与中国古建筑研究》是他的家属在他去世 30 年后整理出来的。

从眇春园的"山门"中出来,即到山路对面的敞亭里休息,买了一瓶北京老酸奶来喝,压压暑气。

离开眇春园后开始往回走,先走到"松堂"北侧的"长桥"附近,然后沿着后溪河向东,经过"寅辉"城关和"琉璃塔",在山路的南侧看到一组后米(1996-1998 年)恢复的建筑群——云绘轩与澹宁堂。

从原来清华大学所做的复原图来看,这组建筑共有两进院落,第一进院的五开间正厅叫"云绘轩"。第二进院的地坪与南侧院落有三米以上高差，其主殿称"澹宁堂"，是一栋五开间的临水（后溪河）建筑。"澹宁堂"在后溪河一侧前出抱厦，并设有登船的小码头。

靠近北侧山路的大门为三开间。

现在云绘轩的这组建筑需买十元的联票才能进去。

进院后是一个被围廊所围合的长方形院落，与主门相对应的正殿为五开间的主殿"云绘轩"。云绘轩左右两侧是三开间的东暖阁、西暖阁，现在主殿及左右配殿均不对外开放。（图 11-7、图 11-8）

进门左拐可以进入位于大门西侧的四开间"倒坐房"，其内部与院落东西两侧的配殿相通。现在这里室内有古典家具展，室内灯光多是点射灯，显得有些昏暗。

当我要用数码相机拍照时，不知从哪里跳出一个女中音断喝："室内不许拍照！"但她的身形并未出现，依旧隐藏在家具之间的较暗部分，我始终没有看清这位女子的长相。

顺着西侧配殿展厅一直往北走就很自然地来到第二个院落的西侧建筑上层，经外门出去后是一条可以俯视小院的、南北走向的外廊。这个外廊与刚才看到的云绘轩一排建筑的北侧外廊贯通，形成一个围合的"半环形"。

图 11-7 由澹宁门看里面的云绘轩

图 11-8 进大门后第一进院落（左侧为云绘轩）

图 11-9 建筑群中第二进院落（左侧澹宁堂，右侧随安室）

　　站在外廊上就感觉轻松很多；透过庭院里的松枝可以俯视下面的院落和院落里景物。庭院里好像正在拍古装戏，有几个身穿戏服的年轻女子和摄影师在活动。

　　可惜这个三面贯通的外廊不太宽，难以再摆一张小桌；见此景物不由地让我想起 1987 版电视剧《红楼梦》里贾母给宝钗过生日、看戏的一段场景。这段故事基本与小说《红楼梦》第二十二回的内容相一致[8]。在游廊里四下看了一会，就顺着西北角的"跌落式"台阶走到院落中北侧主殿的南侧挑廊下，从这里可以拍到对面"云绘轩"的北侧立面。

　　让我没想到的是，"澹宁堂"三字的牌匾现在挂在"云绘轩"的下面一层门楣上，而身边的主殿门上却挂着"随安室"的门匾。再看看，现在这座穿堂殿的南门大门紧闭，无法经过它到达北面的后溪河码头。

之所以让我感到诧异是在《乾隆御制诗》有关"随安室"一诗里[9]，乾隆皇帝曾明确记述这栋建筑位于一栋有楼梯上下的位置，而不是像现在这样的一层建筑。

> 花承阁东峪，结宇敞而幽。
>
> 急步阶梯降，方知上下楼。
>
> 室聊因旧号，学只仰前修。
>
> 今昔劳闲异，惟从二典求。
>
> ——乾隆二十一年——

现在只有"云绘轩"北侧的牌匾和对联位置是肯定挂对了：横匾为"夕霭朝岚"，对联为"动趣后阶临水白，静机前户对山青"。对联已经把这栋建筑的前面、后面所对应的景物表述得很清楚。

从这个角度观察庭院四周会感觉很有趣：进院时看到的一层高"云绘轩"和其左右的配殿现在看起来则是两层高。此时就如同站在一个下沉式庭院里，感到这个庭院被四边的建筑围合的更紧密了。有两棵已经死去、仅剩下一段树干的柏树还保留在院落中。（图11-9）

临近中午的阳光打在硬质铺装的院子里反射出大量热量，原来在院子拍戏的演员和其他工作人员已经离开院子去找地方休息，院子中因游人稀少而显得有点异常。虽然说"随安室"的牌匾不应该挂在临水"澹宁堂"的位置上，但两边门柱上的对联却与"淡泊明志，宁静致远"的原意相贴近，对联为：水将漪影容光澹，山欲舒芳意且宁。

如果从对联词义的连接上，"随安室"的对联也与"夕霭朝岚"的对联连接的更自然。

不知何时这栋临水的穿堂殿能开放，才能有机会到建筑的北侧看看北侧出檐的抱厦和临水码头。

中午在颐和园食堂吃过饭，步行回到住处。

在宿舍刚刚洗完脸就接到阿龙的电话：告知我他上午参加的、有关颐和园的会议已结束。一会儿要开车进城，并说下午和晚上的活动都在那边；嘱咐我在新建宫门东侧广场路边等他，一会儿过来接我。

随后到约定的新建宫门东广场等他。上车后发现车内还有一人，是与他一起开会的、要返回故宫的古建工程师。

在北池子大街放下故宫专家后，又掉头去景山西街上"大高玄殿"的一个侧门接"阿凤"老师，然后沿着地安门西街去北海后门。今天下午，我们在城里要"参观"两个地方，一个是北海的静心斋，一个是位于景山前街和西街拐角处的"大高玄殿"。

进北海后三人直接去了湖面北侧的园中园"静心斋"。

现在的"静心斋"正在维修，不对游人开放。原来的院门紧闭，为了方便往园子里面运送建筑材料，院墙的西南角被拆出一个大"豁口"，外面又围了一圈工程防护布。旁边的一块牌子上写着维修设计方为我校的天大建筑设计院，而具体负责的是"阿凤"老师。

随阿凤从防护布的接口进去后发现静心斋院墙里一片狼藉，四处堆着施工用的木料等建筑材料，已经完全看不出原来园林的清幽，建筑的沧桑感。在现在的"施工"现场，有工头找阿凤询问梁架里斜梁的"换料"问题；看来维修施工的动静还挺大。

尽管在北海里待的时间不长，出来后发现停在马路旁边的汽车还是被交警"贴条"了。看看也没办法，这附近并没有一个合适的汽车临时停靠点。

从北海附近发动汽车，仅一会就到了"大高玄殿"的东门附近，把汽车停好后，阿凤喊一个"大爷"开了角门后几人才能进去。"大高玄殿"建筑群刚刚被北京故宫博物院收回，原来一直由附近的驻军管理使用。

进院后先随着阿凤等在院子里面转了一圈，对这处建筑群有个大概的了解。

尽管院子里面的古建筑老化、破损的很严重，也有几处"临时加建"的痕迹，但还是基本保留了原来建筑的原貌。应该说，因为有解放军的驻守，使这组建筑群逃过了 1949 年以后历次政治运动对古建筑的损毁。我在其他地区考察古建筑时，也多次发现这种情况。现场看，因这组建筑群的规模较大，测绘的难度要比我们在颐和园的测绘任务大许多，也复杂许多。

据说，想来这里进行古建测绘还很不容易，老王老师等多次与故宫领导交涉后才联系下来，得到他们的同意。

"大高玄殿"南侧庭院里有几棵柏树依然生机勃勃，与斑驳的古建筑倒是十分搭配。看了一圈建筑群后，就一人躲在"主殿"的西南角以"大高玄殿"的一角和古树为主题画了一张钢笔速写，可惜没带画水彩的工具。

晚饭时，会合"老王"老师及其他在"大高玄殿"指导测绘的老师，加上从颐和园小组赶来的几位老师和研究生，一起在附近的"峨嵋酒家"吃了一餐。席间还有一位来看"老王"老师的客人，原是景山公园的高工；吃饭时多听他讲述一些京城里的旧事。

因没上酒，晚餐结束的较快，算是今年来北京测绘老师们"相谈甚欢"的一次京城小聚。

注释:

（1）张龙.乾隆时期清漪园山水格局分析及布局初探.天大硕士学位论文.2006年.

（2）孙文起、刘若晏、翟晓菊、姚天新编著.《乾隆皇帝咏万寿山风景诗》.北京出版社，1992年8月第1版：P302.

（3）周维权著.《园林·风景·建筑》.天津百花文艺出版社，2006年1月第1版：P493.

（4）孙文起、刘若晏、翟晓菊、姚天新编著.《乾隆皇帝咏万寿山风景诗》.北京出版社，1992年8月第1版：P304.

（5）卢绳著.《卢绳与中国古建筑研究》.知识产权出版社，2007年8月第1版：P324-325.

（6）卢绳著.《卢绳与中国古建筑研究》.知识产权出版社，2007年8月第1版：P3.

（7）周祖奭，"天大建筑系发展简史"，收录宋昆主编.《天大建筑学院院史》.天大出版社，2008年1月第1版：P7.

（8）（清）曹雪芹著，（清）脂砚斋批评，王丽文校点.《红楼梦》（上），岳麓书社，2006年6月第1版：P217-218.

（9）孙文起、刘若晏、翟晓菊、姚天新编著.《乾隆皇帝咏万寿山风景诗》.北京出版社，1992年8月第1版：P348.

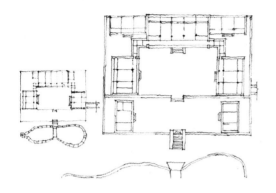

十二、园林中的色彩与质感：知春亭，养云轩，无尽意轩

2013 年 7 月 18 日，
星期四，
阴转小雨。

晨起后就把简单的行李打包收拾好，使自己在离开前又有一段时间可以在驻地附近徘徊。

前两次来颐和园实习，每次临别要返天津前都会再到园子里转转，也算是与这个名园告个别。怎么说在这个园子附近住了十多天，每天吃住在园子里，工作节奏与颐和园职工相类似，慢慢地就会对这座园林及园林里的建筑有一种认同感。

尽管现在随着京津城际和北京地铁三号线的开通，从天津到颐和园变得相对容易，但这种当天往返的探访往往变得有些"功利"，一般是每次来游览一片区域或某条游览路线，游览时的心情已经难以和测绘实习时相提并论。

在颐和园食堂吃过早饭后从食堂的西侧便门进园。先经过文昌阁门洞向西拐到知春亭所在的小岛，在原来画水彩和看日落的地方分别转了转。因来得有点早，小岛上多是些在晨练的附近居民，这时候还看不见太多的外地游客。

知春亭距离食堂和临时驻地较近，成为每次在颐和园测绘时到访次数最多的一个地方。也许由于这个原因，反倒像把它忽视了一般。

"知春亭建于乾隆年间，咸丰十年（1860年）被英法联军烧毁，光绪十九年（1893年）二月重建。位于玉澜堂前湖滨小渚之上，由大小二岛和大小两桥组成的景点，也是观赏全园景色的最佳处。"[1]

知春亭的建筑规模不大，平面为双层柱网，外层三开间12棵立柱，内层4棵立柱，立面为重檐四坡顶，与写秋轩里的观生意亭相类似。（图12-1、图12-2）

虽然知春亭只是小岛上的一栋点景建筑，但知春亭内的景观却很丰富，可以环视周围270°的风景，其中既包括万寿山的东南一侧景致，看到从智慧海、佛香阁直到排云殿、排云门等建筑，还可以看到伸入昆明湖中的对鸥舫、长廊以及前山上的一些建筑屋顶。向西则可以看到西堤，玉泉山上的玉峰塔以及远处的西山。东南方则有南湖岛及十七孔桥一带的建筑。可以取得一幅精彩的天然图画"台榭参差金碧里，烟霞舒卷画图中"。

知春亭所在小岛距离文昌阁很近，也成为欣赏文昌阁全景的一处景点。有次测绘就曾以文昌阁为背景拍纪念照。文昌阁的城关和城楼在夕阳的余晖照耀下会显现出一种喜人的橘黄色。（图12-3）

知春亭的立柱与小岛联系东堤的八字桥多漆成大红色，在这片环境中并不显突兀，倒有一种皇家园林的华丽气派。究其原因与周围山石、湖水和树木有很大关系，山石多以粗犷的青石为主，树木以垂柳为主。因此地背山朝阳，得春较早，故有"知春"之名。

2011年来颐和园测绘时，曾在养云轩院墙的西南角画过一张以长廊为主景的水彩画。画面的景色依次为：近景是呈逆光状态的古柏，

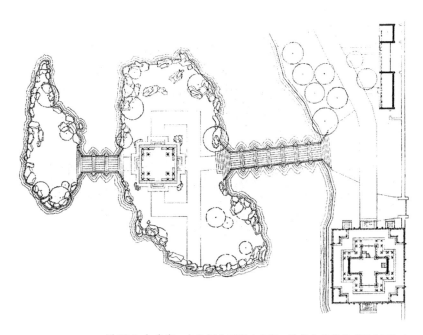

图 12-1 知春亭、文昌阁总平面（来源：清华大学编著《颐和园》）

图 12-2 在文昌阁上俯视知春亭、万寿山一带景物

图 12-3 在知春亭东北角看文昌阁

图 12-4 养云轩前石桥和长廊的水彩写生（2011 年）

中景描绘养云轩前面的葫芦河、石桥以及对岸的古柏，远景是长廊和乐寿堂的一部分院墙，透过长廊的留白部分则是泛着夕照的湖水。完成的画面中树木等呈现逆光效果，应该是傍晚时分前山景物的真实场景。（图12-4）

那天画完画已经到下午六点多，这时的游人多已散去，实地体会到长廊一带自然景色的悠远，人工建筑物与自然景物的完美。

看看时间还早，即决定顺着玉澜堂西侧的"九道弯"到养云轩和无尽意轩一带去看看，回忆一番当年作画的场景。

按颐和园的导览图，位于昆明湖北侧的长廊成为划分湖区与前山区的一条线性标志，而长廊又以排云殿大门为中心分为东西两段。在长廊的东段，无尽意轩和养云轩是靠近万寿山南坡的两组建筑。

养云轩位于乐寿堂和杨仁风院墙的西侧。建筑群南面依次有葫芦河水塘、长廊和昆明湖。据说颐和园中有五个湖和三条河，三条河分别为位于东宫门影壁前面的月牙河，设在这里的葫芦河以及位于北宫门里的苏州河。

之所以称为葫芦河是其平面形状很像葫芦，南边一半近似圆形，北边一半像桃形，合起来如同一个宝葫芦，养云轩前面的单孔石桥就像扎在葫芦上的一条带子。依我看，现在这条水系更像是一条平行于长廊的狭长池塘，将长廊上的喧嚣人群与北侧的两组建筑相对隔离起来。

图 12-5 养云轩南侧大门外观

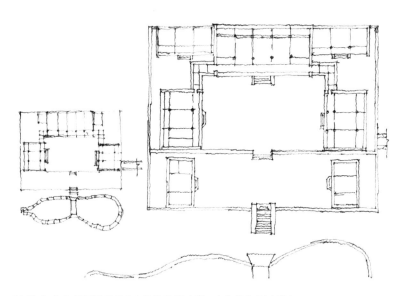

图 12-6 养云轩平面示意（左为清漪园时期，右为颐和园时期）

与单孔石桥相对应的养云轩南门具有不同于一般中式大门的格局：大门立面与西洋座钟造型相近，大门两侧和重檐屋顶上使用了大量汉白玉石材，加之门前石阶的呼应，使之显得很厚重。在八角形门洞上方的门额上镌刻"川泳云起"四字，两边对联分别刻写在两棵西洋柱式之间的石壁上，左侧上联为：天外是银河烟波婉转，下联是：云中开翠幄香雨霏微。描述了这里烟波浩渺，雨雾迷离的迷人景致。（图12-5）

大门的中央部分为木质，刷有墨绿色油漆，大门外围镶嵌了一个八边形边框，刷有朱红色油漆。整体看，中央部分的木纹质感、鲜亮色彩与周围的汉白玉构件形成质感和色彩上的对比。

乾隆皇帝曾在一首诗中记录云彩飘出这个养云轩院子的奇观，可以想象：山上的松烟石瘴会形成山岚，山岚又顺着山势灌进院子，而湖水中生成的雾气又会向岸边涌动，于是，在院落附近就有了汇合了山岩和湖水灵气的碰撞和交融，就有了云雾生成的根基。

养云轩建筑现在是颐和园研究室所在，属于内部办公用房，并不对游人开放，所以大批游人一般也不在附近停留，只有少量散客会跨过石桥欣赏一下大门两边的对联和西洋风格的雕饰。我则是每到颐和园都会来附近逗留一会，一是这里的风物清幽，二是来这里借点仙气；2006年来颐和园测绘时曾因在里面的测绘任务而探查过院落内部。

养云轩的平面为三合院式布局，很像是一个扁长形三合院被拉长了一部分，在这个延长部分又建有东西两个值房。院中两组建筑借着地势主要分布在两个不同的标高上，相差不到两米。（图 12-6）

上面的主要建筑为五开间，位于院落北侧，两侧配殿为三开间。院落空间为三面围合的扁长形，由于还有下面一层院落，站在主殿前面往南看，显得空间很开阔。穿过主殿两侧的"L"形回廊可见东西两个小跨院，各建有三开间的耳房。院内树木葱郁，使小院显得很清幽，很适合作为书房读书。

下面的小院只有两侧有值房，各三开间。比对清漪园时的设计，下层院中东、西两侧的房子当为慈禧重修颐和园时所添加。

整个建筑群带给人惊喜的地方是两个台地之间的连接和分隔，连接采用了不规则形台阶，旁边用假山石和矮墙遮挡一下人们"一览无余"的视线。

为了保证内部环境的清静，院内在与大门相对的位置上设有一个木质影壁，刷有绿色油漆，使它与院内的绿色植物更般配些。

查阅有关颐和园的史料，这组建筑是保留下来的少量清漪园时期的建筑，当时曾作为高宗弘历的书房使用。由于这里背山面湖，成为汇聚山岚水气的地方而得到乾隆皇帝的喜爱，并有诗文描述他"养云祈雨"的心情：

岩室无端倚翠微，朝岚夕霭蔚芳霏。
便应满贮英英气，留待三春作雨飞。

—乾隆二十一年—

后来慈禧在园内居住时，一些嫔妃、格格和命妇被安排在这里休息，如意馆画师缪素筠，太后的女官德龄、容龄两姐妹都曾在此居住。

只是因为院里的树木繁茂，树荫遮挡了很多阳光，使得院内的气氛显得有些幽暗，倒与养云轩两侧配殿上题写的门匾"随香"和"含绿"相暗合。

无尽意轩位于养云轩的西侧，其平面布局与养云轩类似，都是扁长的三合院式布局。相异之处是院子略小，主殿两侧没有跨院和耳房，但联系垂花门、厢房和无尽意轩的游廊四面围合，在靠近南墙一带设有"什锦窗"，与乐寿堂的外墙设计有所呼应。（图 12-7）

与大门相对的南侧位置设有一个长方形水池，很像是东侧葫芦河水系的延伸，而建筑的南边与凸出昆明湖水面的对鸥舫设在同一条轴线上。曾猜想高宗把这里命名为"无尽意"当与这条水系和南面的对位关系有关。

如果比较无尽意轩与养云轩的大门处理，一为正襟危坐的端庄

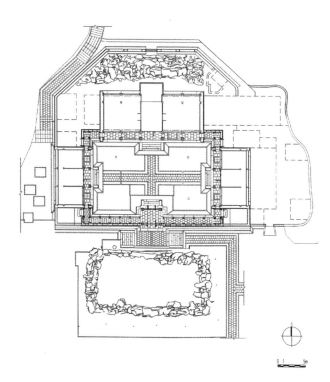

图 12-7 无尽意轩平面图（来源：王其亨主编，张龙、张凤梧编著《颐和园》）

图 12-8 无尽意轩南侧大门外观

格局，一为具有乡间野趣的低调处理；养云轩的大门为中西合璧式，大门由于两侧实墙的衬托和上面的两层平行的檐口显得很突出，门前的台阶与大门设在同一轴线上，采用比较直接的进出方式。而无尽意轩的大门采取传统的垂花门式样，门前设有一块高起的平台，进入大门的台阶设在东西两侧，如果从建筑的东南角观察，砌筑水池的不规则石材仿佛在门前直接升起，托起大门南侧的平台，这些叠石因靠近南侧道路，使大门和大门两侧的一层围墙有明显的退后感，从而造成初次来颐和园的游人往往会忽略这组建筑。（图 12-8）

翻看乾隆题咏无尽意轩的诗词有 25 首，比之咏养云轩的 17 首还多些。在写于乾隆五十年的一首诗中，高宗自己将这里和承德避暑山庄内的一组建筑相联系，并解释了"无尽意"的含义："清漪园之无尽意轩，避暑山庄之有真意轩[2]，均屡经题咏，向尝有句云：无尽有真同一意。盖无尽乃有真，而有尽必致无真；一而二，二而一也。"[3]

无尽意轩里面的院落格局相对简单，仅为一进的扁长型院落。目前的院落和里面的建筑均对外开放，中间的北房作为纪念馆使用，轴线两侧的建筑为销售艺术品的画廊。

记得 2006 年测绘时，院里有老师和几个学生在西厢房工作，室内一个上人孔的旁边架着一个木梯子，有学生正在上面测量屋架。

光绪时期，每当慈禧和光绪来颐和园时，皇帝和皇后住在玉澜堂

图 12-9 中国国家博物馆藏（元）倪瓒画《水竹居图》（来源：《文物天地》总 183 期）

和宜芸馆，太后住在乐寿堂，一些伴驾的嫔妃则住在这里。

在画廊里看到几张装裱起来的"仿真印刷品"，其中一张是收藏在国家博物馆的、元代画家倪瓒所画的山水画《水竹居图》。画心不大，在两平尺左右。画面以水面为主，中景有沙渚和几株古树，隔开左侧的一块平地以及两栋草舍，远景有树林、堤岸和小桥，以及更远的远山。

这幅绘画当年混杂在一批政治运动查抄物品中，几乎被毁。多亏当时字画鉴定家马宝山发现此宝：

"在查抄的杂物中，也发现了"元四家"之一倪瓒《水竹居图》这件稀世国宝。此作与现藏台北故宫的倪瓒《雨后空林生白烟图》风格略有差异。当时，有人认为《水竹居图》是赝品，马老考证后坚持认为是倪氏早期作品，后经多数鉴定家评定得以确认，可知马老的慧眼和苦心。"[4]（图 12-9）

也许是要下雨，今天来无尽意轩的人没有几个。在垂花门所在的平台上可以俯视到不远处的长廊和远处的昆明湖。这时的南湖岛因雾气的关系已经看不真切，只能看到一个大致轮廓，一种烟雨迷离的江南韵致。

在无尽意轩南侧的水池边徘徊，特别是从西向东看，可以发现因水面、小桥和古树分隔而成的多个景观层次，而岸边的叠石多以青石和黄石叠成，很有倪瓒绘画"折带皴"的笔意，整个风景很有刚才看到的《水竹居图》里描述的"画意"。

此时，不由让我想起诗经里的《蒹葭》诗，或可成为这一场景的绝佳注脚：

> 蒹葭苍苍，白鹭为霜。
>
> 所谓伊人，在水一方。
>
> 溯洄从之，道阻且长。
>
> 溯游从之，宛在水中央。
>
> ……

这首诗在二十世纪被一个台湾女歌手以《在水一方》为题重新谱曲演唱，成为二十世纪七十年代末两岸解禁后最早传播和流行到大陆的歌曲，也成为我听到的、最美的华语歌曲之一。

隔水相望，欣赏对岸的景物，有如思念梦中情人，有一种可望而不可及的无奈和残缺美。古人在两千多年前就发现了这种美，一种荒寒和"相隔"产生的美感。

注释：

（1）徐征．《样式雷与颐和园》．收录张宝章等编．《建筑世家样式雷》．北京出版社，2003 年 6 月第 1 版：P128.

（2）有真意轩为一小型园林，建于乾隆二十八年，位于承德避暑山庄西峪山凹处，今已无存．

（3）孙文起、刘若晏、翟晓菊、姚天新编著．《乾隆皇帝咏万寿山风景诗》．北京出版社，1992 年 8 月第 1 版：P177.

（4）贾文忠．《敢吃"黑老虎"的马宝山》．刊于《文物天地》总第 183 期：P43.

后记：雾失楼台，月迷津渡，桃源望断无寻处

在 8 年时间里，我曾 3 次随天大的暑期测绘队到颐和园里进行古建筑测绘实习。目睹了 2005 年以后天大师生对颐和园的大规模测绘，测绘范围涵盖了万寿山前山和后山的主要景区，甚至延伸到湖心岛、西堤六桥和西门附近的畅观堂。

这种经历，作为一种与古建筑和皇家园林的对话过程，我亲身体验到的"风景"、每天多次"上山""下山"的体能考验、为了了解某处景物变迁所作的"考证"功课都难以用简单的文字描述出来。

2015 年春，我写的《颐和园测绘笔记》一书由北京三联书店出版，同年七月，我又在三联书店的临时会场做了两场讲座（书店里的公开课），题目分别为："清漪园的修复及建筑遗构"和"清可轩与乾隆茶室研究"。两个题目既有对书中内容的整理，也有我对颐和园研究的延伸和扩展。对于后一篇的内容，我曾写了一篇论文《颐和园内清可轩与乾隆茶室的环境解读》，参加了 2014 年在杭州召开的"第十届亚洲建筑交流会"并被收入论文集中。随笔《乾隆茶室——颐和园清可轩的循诗朔往》刊发于 2017 年第 5 期的《读书》上。

在《颐和园测绘笔记》一书中，我仅整理了 2006 年和 2011 年两次测绘的内容。在书的"后记"中我曾写道："颐和园内的景物众多，本书所涉及的景区和遗迹主要集中在万寿山的周围，也就是前山前湖区和后山后湖区，而对于其他区域还有许多没来得及讲述或留给以后讲述的地方……"当时亦曾想过把这项研究再继续做下去。

实际上，在 2015 年"三联"版的书中，对于前山前湖区内的重要景区，排云殿至佛香阁景区的着墨并不多，仅仅涉及景区东侧的转轮藏一组建筑。

在这次写作《颐和园中的设计及测绘故事》时，我又把亲身参与的 2013 年的测绘生活等内容整理了一下。巧合的是，2013 年的暑期测绘任务主要集中在前书中被我略过的排云殿、佛香阁景区，旁及排云门南侧的"金辉玉宇"牌坊和佛香阁后山上的"众香界"牌坊，以及五方阁和转轮藏等建筑群。

在这本书中，内容还涉及位于万寿山前山半山腰的一些建筑群，如云松巢、邵窝、写秋轩、意迟云在，沿湖而设的玉澜堂、藕香榭、乐寿堂、养云轩和无尽意轩，清遥亭等；后山上的赅春园遗址、谐趣园、新修复的云绘轩、澹宁堂；南湖岛上的涵虚堂、岚翠间等。因为前山的各个景区基本在以长廊连接的沿线上，曾想过一个很诗化的书名"用长廊穿起来的'珠玉'"，后来觉得不够直接，也就放弃了。可以说，这本书的内容是 2015 年版《颐和园测绘笔记》的补充和深化，当然，这种对颐和园景区的深化和扩展研究还可以继续进行下去。

这本书主要侧重于前面提及颐和园中各个建筑群中的建筑特点和园林历史，为了增加阅读的趣味性，以我在 2013 年在颐和园的测绘生活为导引，将"园林形态分析"和"测绘故事"结合起来。当然，这期间的测绘笔记基本符合"史实"和我在 2013 年的心理状态，可供后人查阅。

在二十世纪八十年代以前，意迟云在亭和五方阁内的"铜亭"就已被天大的师生测绘过，一些测稿也被收录在已出版的《天大学生作业集》中。尽管那时候基本都是手工测量，与千禧年以后测绘时大量使用仪器相比，其测绘图的精度要差一些，错误更多一些，但却保留了这几栋建筑的历史原貌：像"铜亭"的南立面测绘图中就看不到后期补配的匾额等物。

"吃水莫忘打井人"。在写作中，我查到了早期营造学社成员、天大卢绳教授写于 1953 年一组日记，其中既有他带学生在颐和园参观、测绘的实录，也有他为天大复制古建筑模型所付出的辛劳。应该说，正是像卢先生等老一辈教师所付出的努力才打下了天大建筑系注重古建筑学习的教学基础。

近年，当我与系里一些搞古建的年轻老师聊天时得知，早年和现在的"手工测绘"会慢慢被"仪器测绘"所取代；由于未来会大量使用精密的测绘仪器，测绘时也不需要许多人，仅有一些搞古建的研究生就差不多了。

如果真的是这样，那我写的这两本"测绘笔记"也许就是对"手工测绘"向"仪器测绘"过渡时期的历史记录，可以算作"口述史"的一种。

既然是续书，这本书就基本保留了前一本《颐和园测绘笔记》（2015 年版）的基本结构和框架，其中的线索之一就是与历史背景的联系。

在上一本书中，我引用了从清代乾隆时期到 1949 年前后的大量史料。这本书的内容则主要涉及 1949 年以后，特别是 1966 年以后与颐和园有联系的一些史料。

其中既有新中国成立（1949 年）后佛香阁的几次大修，"铜亭"（宝云阁）1975 年以后门扇、窗扇的"回归"和修复。比较关注的历史事件如：1971 年美国国务卿基辛格的秘密访华。1972 年年初由于陈毅去世所引出的国内政局变化，随着尼克松访华所引起的国际形势的变化。1975 年开始的"评水浒"运动，等等。

书中所归纳的与颐和园直接或间接相关的政治运动，都是我亲身经历的。

作为一个成长中的少年，尽管那时候我只能从电影纪录片或《人民画报》等"窥视"到一些历史片段，还无法像现在这样能对某些"运动"和"历史事件"画出一条清晰的脉络，但对这段历史并不陌生。

在书里我只想透过一座北京西郊的园林来了解整个国家的发展和变化，也许这种"管中窥豹"的价值还有一些。

借用一首我在前一本书中引用的、毛泽东主席唱和柳亚子的后几句诗句：

"牢骚太盛防肠断，风物常宜放眼量。

莫道昆明池水浅，观鱼胜过富春江。"

虽说清漪园（后改颐和园）有模仿杭州西湖的痕迹，但考察后得知，在从清漪园到后来的颐和园，御苑中没有一处景点与"花港观鱼"类似，专门作为"观鱼"使用的，而用于"观澜"的景点倒有好几处。尽管谐趣园的水池中有大量红尾鲤鱼，有座知鱼桥，但周围的主要建筑名称多为：知春堂、涵远堂、瞩新楼和澄爽斋，"格局"还是更大一些。

虽然从占地规模上两者无法相比，但从"历史格局"看，以颐和园比之杭州西湖也应该更开阔些。

原来看过一本二十世纪三十年代出版的旧书，名为《御香缥缈录》。作者是当年慈禧太后身边的"女官"。虽说内容上有作者演绎、夸张的成分，为史学家所诟病，但总体上还是按照一本"口述史"的记录来写的。

余生也晚，既没有机缘靠近"中枢"，也无法窥视到某些"秘闻"，好在我成长和生活、工作中的经历激发起我作为"旁观者"记录的热情。

2013年暑期测绘期间多雨，查看日记中的记录，不是多云就是阵雨、中雨，晴天不到一半。在这种气候条件下，上屋顶测绘多有危险和困难，但从景观的角度看，却可以观察到不同其他季节的颐和园风景。

如同一个旁观者，我们现在能够看到的一段段历史，也许是隔着重重烟雨的历史，既不真实也不可靠，或许只能了解到一个历史的大致轮廓和走向。

想起我给研究生讲"城市设计"课时爱谈的一首北宋苏轼写的诗：

却从尘外望尘中，无限楼台烟雨蒙。

山水照人迷向背，只寻孤塔认西东。

有个同学听我讲解古人的诗或我自己作的诗，课下劝我说："老师，诗无达诂，不可说。"

仿前人的语句答："若不阐释源流，将成不信之因。"

图书在版编目（CIP）数据

颐和园中的设计与测绘故事 / 梁雪著 . — 沈阳 ： 辽宁
科学技术出版社，2019.2
ISBN 978-7-5591-1037-4

Ⅰ．①颐… Ⅱ．①梁… Ⅲ．①颐和园－园林设计②颐
和园－测绘工作 Ⅳ．① TU986.62 ② P205

中国版本图书馆 CIP 数据核字（2018）第 277238 号

出版发行：辽宁科学技术出版社
　　　　　（地址：沈阳市和平区十一纬路 25 号　邮编：110003）
印 刷 者：辽宁新华印务有限公司
经 销 者：各地新华书店
幅面尺寸：160mm×230mm
印　　张：17.5
字　　数：200 千字
出版时间：2019 年 2 月第 1 版
印刷时间：2019 年 2 月第 1 次印刷
责任编辑：胡嘉思
封面设计：何　萍
版式设计：何　萍
责任校对：周　文

书　　号：ISBN 978-7-5591-1037-4
定　　价：68.00 元

编辑电话：024-23280035
邮购热线：024-23284502
E-mail：single_000@sina.com
http://www.lnkj.com.cn